U0201917

潮汕地区深基坑工程案例精析

汕头市岩石力学与工程学会　组织编写
吴仕元　林　鹏　黄上进　主　编

中国建筑工业出版社

图书在版编目（CIP）数据

潮汕地区深基坑工程案例精析/吴仕元，林鹏，黄上进主编 . —北京：中国建筑工业出版社，2018.7
ISBN 978-7-112-22165-3

Ⅰ.①潮… Ⅱ.①吴…②林…③黄… Ⅲ.①深基坑-基坑工程-案例-潮汕地区 Ⅳ.①TU46

中国版本图书馆 CIP 数据核字（2018）第 090402 号

本书精选了 30 篇具有一定代表性的关于潮汕地区深基坑工程的文章。文章结合实例对潮汕地区深基坑工程的理论研究、支护设计、施工经验和变形监测等方面进行了详细的介绍。本书适合地基基础工程，尤其是深基坑工程的设计、施工、监测及科研人员阅读，也可供高等院校相关专业师生参考。

责任编辑：武晓涛
责任设计：李志立
责任校对：李欣慰

潮汕地区深基坑工程案例精析

汕头市岩石力学与工程学会　组织编写
吴仕元　林　鹏　黄上进　主　编
*
中国建筑工业出版社出版、发行（北京海淀三里河路 9 号）
各地新华书店、建筑书店经销
北京科地亚盟排版公司制版
廊坊市海涛印刷有限公司印刷
*
开本：787×1092 毫米　1/16　印张：13　字数：323 千字
2018 年 7 月第一版　　2018 年 7 月第一次印刷
定价：**39.00** 元
ISBN 978-7-112-22165-3
（32056）

前　　言

潮汕地区位于我国东南沿海，包括汕头、潮州和揭阳三市，汕头市为该地区的中心城市。本书内容以汕头市的深基坑工程为主，并兼顾到其他两市的一些深基坑工程。

汕头市的岩土层主要形成于第四纪，基底为燕山期花岗岩侵入体，上覆第四纪松散沉积物沉积厚度巨大，尤其是上部第四纪全新世浅海—海湾相沉积形成的灰黑色淤泥和灰色砂土，厚度达 30m～40m。其中淤泥层具有含水率高、抗剪强度低、压缩性高、灵敏度高等特性。砂土层多呈松散状，密实度低，渗透系数大，地震时易发生中等～严重液化，工程性质差（汕头市是抗震设防 8 度区）。

汕头市地下水类型主要为上部的潜水和中下部的承压水，以及基岩裂隙中的弱承压水。由于汕头市海拔低，雨量充沛，地下水位埋藏较浅，潜水位埋深一般在 0.50m～1.50m，浅部地下水较丰富，台风或雨季常发生"水浸街"现象。

近年来，随着城市的发展，潮汕地区的高层建筑与超高层建筑越来越多，深基坑规模和开挖深度也越来越大，其中不少深基坑工程位于城市中心和城市交通要道附近。这些深基坑工程的共同特点是：除了保证自身的技术合理与安全之外，还需要严格控制其施工过程对周边环境的不利影响。

潮汕地区深基坑工程发展的历史不长，在理论研究、设计方法、施工经验、施工管理以及监测手段等方面均显得不足，因此，加强深基坑工程的理论研究，完善设计方法，推广新施工工法，提高施工监测技术，实现整个深基坑工程的信息化施工，就显得十分必要！

2005 年以来，我学会开展了一系列的深基坑工程工作，除了组织多项学术活动之外，还进行了深基坑工程的技术咨询，其中最重要的是组织学会专家参加"深基坑工程安全专项施工方案论证"，据不完全统计，迄今为止学会先后组织了 110 余项深基坑工程施工方案专家论证。

本书精选出 30 篇有一定代表性的潮汕地区深基坑工程，对这些工程的理论研究、支护设计、施工经验和变形监测等方面进行了详细的介绍，同时提供了经验总结，期望这些文章能对广大同行有所帮助，共同促进我国深基坑工程更好地发展。

汕头市岩石力学与工程学会
2017 年 11 月

目　　录

第一篇　综述

潮汕地区基坑工程设计和施工技术的发展和应用综述

林鹏[1]，吴仕元[2]，刘培成[1]

（1　汕头大学土木工程系，广东　汕头 515063；2　汕头市岩石力学与工程学会，广东　汕头 515041）

[摘要]：本书共收到关于基坑支护结构设计、施工及监测方面的论文 30 篇，对大部分的案例进行了归纳和总结。结合汕头地区的软土地质条件和国内相关课题的研究，对双排桩支护、内支撑体系及基坑工程的施工和监测过程在汕头这一特殊的软土地区的应用进行了深入的探讨。

[关键词]：基坑支护；支护结构；数值模拟

1 潮汕地区软土对基坑工程的影响

1.1 潮汕地区软土的特点

潮汕软土地区分布于韩江、榕江和练江出海口，属于三角洲相、滨海相沉积平原，该地区在燕山期花岗岩上沉积了厚度达几十米至一百多米的第四系晚更新统海陆交互相砂土、黏性土层，以及全新统滨海相砂土、淤泥软土层。汕头淤泥等软弱土层层顶埋深较浅，一般在地面下 2m～5m 范围，平均厚度接近 30m。淤泥软土的工程性质较差，具有含水量高、压缩性大、抗剪强度低等特点，含水率 $w = 60\% \sim 80\%$，压缩系数 $a_{1-2} = 1.5 \mathrm{MPa}^{-1} \sim 2.5 \mathrm{MPa}^{-1}$，直剪黏聚力 $c_{uu} = 6 \mathrm{kPa} \sim 10 \mathrm{kPa}$，内摩擦角 $\varphi_{uu} = 1.0° \sim 7.0°$。潮州的软土处于韩江边，典型三角洲相沉积土层，特点是砂土层较厚，承压水丰沛，有较大水压力。揭阳的软土处于榕江边，淤泥土的含水率较高。

1.2 潮汕地区软土对基坑工程的影响

由于潮汕地区的软土具有如上所述特点，淤泥软土层埋深较浅、厚度大、流动性大、强度低，砂土层具有较高承压水压力，该地区的基坑工程不可避免地存在土压力大、支护结构规模大、造价高的普遍现象。如何保证基坑的稳定性、控制基坑支护的变形、防止渗漏水、减少对周围环境的影响，成为潮汕地区基坑工程设计、施工的重点。根据近几年的基坑工程总结资料，止水帷幕多采用深层搅拌水泥土桩墙、高压旋喷水泥土桩墙，支护结构多采用单排钻孔灌注桩、双排钻孔灌注桩结构，支撑体系多采用钢筋混凝土内支撑梁体系，场地适合时有些工程采用锚杆外拉体系，为加强坑底被动区土压力，多采用深层搅拌桩加固坑底淤泥软土。由于支护结构形式不同、开挖方式、地质条件等因素的影响，基坑工程的表现性能相差很大，对实际工程造成很大影响。

2 工程实录内容简述

2.1 双排桩支护结构

林鹏报道的《双排桩结构在失稳基坑中的补强作用》，该案例是汕头市金环大厦原设计为 28 层的写字楼，总建筑面积 40280m²，框筒结构，三层地下室，基坑开挖深度 11.50m，局部挖深 13.0m，在基坑开挖过程中，西南角上部斜支撑突然发生压碎折断破坏，导致基坑西侧南段 20 多根支护钻孔桩严重倾斜折断，30 多米长的基坑倒塌，南侧西段基坑支护桩向坑内位移，压顶板严重开裂，险情危及相邻三座住宅楼的安全，是汕头多年以来最严重的工程事故之一。

从地质土层分布情况可以看到，基坑开挖面以上土层均为淤泥软土，含水量高，流动性大，抗剪强度低，对支护结构所产生的侧向土压力是非常大的。基坑要再次开挖时，需对支护结构进行重新设计补强，针对失稳破坏的特点及原因，考虑到对原来未破坏结构的利用，决定采用双排桩结构进行局部补强，利用原结构挡土桩为前排桩，加打后排桩桩径 1000mm，桩中心距 2150mm，桩长 25.5mm，原断桩破坏位置，加打一排桩径 1200mm 为前排桩。

通过本工程可以看出，双排桩结构在软土基坑工程中作为支护结构是十分有效的，主要体现在前后排桩的土压力分担、桩身内力的分配上，效果非常显著，调节抵抗变形的能力也很强。在本工程所起的补强作用，设计上仍有很大的富余。作为支护结构，虽然桩数比单排桩结构有所增多，但如果从配筋量、桩的入土深度进行优化，仍有很强的竞争能力，特别是其超强的抵抗变形能力，是任何带支撑的单排桩结构所不能比拟的。软土地区中挖深 10m 左右的基坑，双排桩结构是一种值得推荐的支护结构。

程少彬报道的《软土地区双排桩支护模型在 SAP2000 中的实现和讨论》，该文以一软土地区双排桩基坑支护工程为例，在 SAP2000 模型中，对前排桩侧土的水平反力（弹簧）系数、桩间土水平刚度系数、后排桩水平荷载分布以及排桩桩底支座等参数和边界条件进行分析和讨论，对比不同模型内力和变形结果，同时结合地质条件接近的双排桩支护工程的监测结果判断，最终确定软土地区双排桩支护模型的合理参数和边界条件。

王艳峰等报道的《双排桩支护结构在软土地区基坑工程中控制变形的作用及分析》，结合工程实例，运用有限元软件 PLAXIS 对双排桩围护结构进行数值分析，研究了软土地区中双排桩围护结构的内力和变形特性。文章探讨了诸多影响因素诸如桩身刚度、连梁、排距等对围护结构内力和变形的影响。从计算结果的对比中，总结了双排桩围护结构体系在软土地区中应用的一些规律。该案例为汕头市澄海区人民医院改扩建现有住院大楼，本工程楼高 13 层，设 1 层地下室，基坑为长方形，面积约为 80m×34m，开挖深度约为 5.4m。原土面 4.5m 以下为淤泥，淤泥呈灰色，流塑，厚度为 19.2m～20.2m，地质条件复杂，周边环境保护要求较高，故在基坑旧住院楼和居民楼一侧采用双排钻孔桩＋搅拌桩复合围护结构。为进一步研究双排桩在软土地基中的变形规律，采用 PLAXIS 有限元软件建立基坑模型和基坑工程监测相结合的方法，进一步研究桩身刚度、连梁刚度、土体参数、前后排距、开挖深度等因素对桩身内力和变形的影响。最终得出重要结论。

2.2 内支撑支护

庄泽龙等报道的《猛狮国际广场基坑支护设计简介》中基坑面积 110.6m×110.6m，开挖深度 12m，属于深基坑工程而且开挖面积较大，并且基坑所处位置紧邻大型超市，周边道路、地下管线较多，环境较为复杂。基坑支护采用排桩加 2 道钢筋混凝土圆环内支撑（直径 100m）的形式。结合施工现场的监测结果分析，该方案较为成功。

黄上进等报道的《汕头荣兴大厦基础及基坑支护的修改设计》主要介绍汕头荣兴大厦基础和基坑支护的修改设计及施工过程，并对如何利用基础工程桩和地梁替代内支撑基坑支护系统中的最下面一道水平支撑，做了深入有益的探索研究。汕头荣兴大厦原设计为地上 25 层，地下 2 层，系综合写字楼。该工程采用框架—剪力墙结构体系，抗震设防烈度为 8 度，抗震等级为一级；采用钻孔灌注桩加筏板基础，基坑支护结构采用钻孔灌注排桩＋1 道水平内支撑＋桩间高压旋喷桩挡土止水方案。原设计钻孔桩和支护工程完工及－6.5m 以上土方开挖后，建设单位决定对本工程的使用功能做重大调整，变综合写字楼为商住楼，地上 1～6 层为商场、餐饮等，7～25 层为高级住宅楼，地下室由 2 层改为 3 层，用以增加停车面积，总建筑面积为 36850m²。通过对基础和支护结构的修改，地下室由两层改为三层，层高分别为 3.0m、3.3m、3.3m，基坑开挖深度从自然地坪至底板地梁垫层底为 9.7m，至独立承台垫层为 10.0m，至筏板垫层底为 10.5m。通过对多个修改方案的排桩桩身配筋及嵌固深度，抗倾覆坑底隆起，基坑整体稳定性等验算分析，最后决定利用工程桩和地梁形成内支撑系统中最下面一道水平支撑，对于汕头地区这类滨海相沉积土，淤泥层很厚的地质条件来说，本工程进行了一次成功的探索。

2.3 拉锚支护

程少彬报道的《汕头尚海阳光项目基坑工程设计》，尚海阳光项目由 20 幢 32～40 层的高层住宅组成，基坑开挖深度 7.6m，基坑边主楼范围内承台成片超深开挖，开挖深度按 8.6m 考虑。基坑周边条件复杂，平面 436m×258m，总边长约 1200m，是当时本地区开挖面积最大的基坑。工程基坑周边情况复杂，开挖面积大，开挖深度 7.6m～8.6m，开挖面以下基本为深厚的淤泥层，支护结构的受力、变形要求比较严格。本工程基坑设计时综合考虑了各种因素，除了东面斜边由于空间限制，其他位置均采取双排桩支护结构，并视具体位置的情况，采取了预应力锚索、土坡反压和粉喷桩等加强措施，基坑开挖等级为二级。基坑东面斜边采用单排钻孔桩＋2 道预应力锚索支护结构＋桩间旋喷桩止水形式；基坑南、西两面支护结构采用双排钻孔桩、水泥搅拌桩组合＋1～2 道预应力锚索支护结构形式；基坑东北角采用双排钻孔桩＋钢筋混凝土内支撑支护结构＋水泥搅拌桩止水帷幕型式。

根据地质情况和基坑周边场地条件，采用双排钻孔桩、单排桩孔桩、局部大角撑等不同支护形式，同时结合不同位置的情况设置了一定数量的预应力锚索、对变形敏感位置基坑内被动土压力区软土采用土坡反压和粉喷桩加固以减少支护结构的内力和变形。工程在同一场区基坑因地制宜，采用不同支护型式，并在本地区软土地基上大规模采用预应力锚索，能够进一步改善支护桩受力、减少变形，经济效益显著。在施工过程中改进施工工艺避免了锚索施工出现的涌砂、涌水现象，也通过锚索的基本试验、蠕变试验、验收试验积累了大量的锚索抗拔试验数据，可在设计、施工方面为本地区其他基坑工程采用预应力锚索提供借鉴。

2.4　基坑工程施工过程

曾亮生等报道的《澄海猛狮国际广场工程深基坑施工技术》，该工程具有规模大、工期紧、场地条件差、交通地质条件复杂等特点。针对该工程的特点，在基坑施工过程中应用了多项施工新技术：①灌注桩后注浆技术；②混凝土裂缝控制技术；③大直径钢筋直螺纹连接技术；④钢与混凝土组合结构技术；⑤基坑封闭式降水施工技术；⑥遇水膨胀止水胶施工技术；⑦深基坑施工检测技术。论文指出了在该工程施工过程中所遇到的技术难点，并对解决方案进行了深入分析和研究。

刘斌报道的《振动打入式拉森钢板桩在潮汕沿海地区房地产业应用的局限性》一文介绍了一种新型建材——拉森钢板桩，在潮汕沿海地区深基坑支护，特别是住宅小区多层地下室基坑支护应用中存在一定的局限性。论文以澄海某住宅小区拉森钢板桩深基坑支护应用为研究背景，分析了拉森钢板桩在施工过程中出现的安全隐患并提出相应的解决方案，全面分析并得出了鉴于潮汕沿海地区的地质地貌，拉森钢板桩在潮汕房地产业实际应用中存在极限性的结论。

林鹏等报道的《被动区加固技术在软土基坑支护中的应用研究》就被动区加固技术在软土基坑开挖中的应用作了研究，介绍了考虑被动区加固的水泥土挡墙水平位移的几种计算方法，对其中的刚性桩法作了修正；按加固布置形式和加固比 l_r 的不同，将被动区加固的作用应用于挡土墙水平位移的计算中，并运用这些成果对两个工程实例进行计算分析。指出在考虑了被动区加固的挡墙水平位移计算方法中，一般做法是将被动区土体的强度值加以提高，这种做法未考虑不同加固形式、加固深度、加固范围之间的差别，较为笼统。论文所提的按加固布置形式和加固比 l_r 的不同，将加固后的水泥土挡墙位移计算分为两类的做法更符合实际情况，取得满意结果。对工程设计和施工有一定的指导作用。

吴汉川报道的《建筑工程深基坑土方开挖安全管理要点》一文，对施工过程中的安全、施工质量和工期等方面提出了重要的指导意见。

陈文煜报道的《某基坑工程位移过量原因分析及处理措施》一文以工程实例为背景重点分析了工程中坑内隆起、坑壁裂缝、桩顶位移等控制值发生大量偏差时的控制要点和措施。对类似事件分析原因并给出解决方案和总结经验。

2.5　地下水控制

汕头地下水埋藏较浅，砂土层存在丰沛承压水。基坑工程普遍存在漏水、对周边环境造成影响的现象。

曹洪、潘泓等报道的《潮州供水枢纽工程西溪电站厂房基坑承压水排水降压及内支撑优化》通过对"潮州供水枢纽工程西溪厂房"深基坑这一成功设计实例的介绍，从施工条件、工期、经济效益的角度综合考虑，讨论了深基坑的承压水排水降压和连续墙—支护支护结构的优化问题。由于西溪电站厂房上游约 3km 处淤泥等弱透水层缺失，砂卵砾石层与江水相通，形成承压水层。在枯水期，基坑开挖到底时与承压水层水头差达 18m～21m，强行抽水减压难度很大，且会造成西侧在建水闸沉降。采用在基坑内布置减压井，随开挖过程逐步降低井口高程的方法，将承压水层的水头降至－8m～－9m，大部分基坑底能满足抗浮要求，开挖深度最大的局部则采用高压旋喷桩封底使之与基础桩结合以满足要求。该降水方案引起邻近水闸的平均沉降为23mm，影响较小。在充分考虑施工条件的基础上，提出了钢筋混凝土支撑优化设计方案，并制定出相应的开挖方式。该方案满足大型机械施工条件，能大大提高效率，且为确保工期、降低工程造价创造了条件。工程实施结果表明，基坑满足抗浮要求，支撑体系满足支护结构控制变形及内力要求，工程安全完成。

袁继雄报道的《某基坑工程降排水问题的分析与处理》介绍了某基坑工程的水文地质条件、承压水分布情况和降排水设计，详细描述了基坑施工过程中出现的坑内外水力连通、突涌现象问题，针对水力连通分析了止水帷幕失效、地质情况变化等可能因素；针对突涌分析了止水帷幕、承压含水层和勘探孔等可能因素。通过分析，采取新增回灌井兼观测井处理水力连通问题，应急采取减压降水和封堵、全面采取双液注浆处理勘探孔突涌问题。文章系统分析了基坑工程在开挖过程中发生坑内外水力连通及突涌事故的情况，准确找到其产生的原因，并采取了有效的处理措施，消除了基坑坑内外水力连通和突涌带来的危害。并指出：①坑内外发生水力连通，一般是止水帷幕失效引起，可通过坑内外观测井查看水位变化，准确找到失效位置，及时进行有效封堵和采取回灌措施；②在基坑开挖前需对试验井和勘探留下的孔洞进行有效封堵。突涌具有突发性，应做好应急预案，预留降压排水措施。发生突涌事故时，需及时准确分析原因，结合监测系统，实时观测坑内外地下水位变化情况，指导坑内降压井抽水，避免在处理突涌事故时抽水过多，导致周边地面沉降过大，引发二次事故。

许积羽等报道的《减压孔对深基坑水泥土围护止水结构的危害及防控》介绍，静压管桩基础施工中，为消除桩基施工过程的挤土效应，减少、避免对工程桩基质量和周边环境安全造成不良影响，在工程施工范围内会设置减压孔。由于存在各种条件的限制，减压孔在基础工程前期桩基施工消能减压确实发挥了积极的作用，但对于后期深基坑水泥土围护止水结构施工所带来的危害和隐患往往未能得到充分重视。所以，论文对减压孔对深基坑水泥土围护止水结构的危害进行了分析，并提出相应防控措施。

2.6 基坑工程监测

谢锦荣报道的《汕头深基坑变形特点的现场实测分析》一文中以汕头苏宁电器广场项目为背景，该工程采用单排钻孔灌注桩结合外侧单排φ1000@750三轴水泥土搅拌桩超深止水帷幕，竖向设置3道混凝土支撑。在该基坑开挖过程中进行了桩身水平位移、桩顶位移、沉降、内支撑内力和水位等方面的实时监测，论文对监测结果进行了汇总分析和研究，对各个参数值在基坑开挖过程中的变化规律进行了总结：①内支撑式支护结构的最大位移大多发生在开挖面上下；②最大累计位移大多出现在浇垫层工况下；③最大位移速率一般出现在开挖至坑底时；④拆除内支撑必须在坑壁回填土压实后进行，否则会造成围护桩向坑内的较大位移等重要结论。最后作者总结了汕头市6年来内支撑排桩支护结构最大位移，深入研究了不同深度基坑的变形量，为基坑支护结构的设计选型提供了很好依据。

陈志远等报道的《建筑深基坑工程内支撑结构拆除监测与分析》一文通过工程实例，

介绍了某综合楼工程基坑的基本情况、内支撑体系的布置、拆除换撑工艺，详细分析过程动态监测的数值变化情况和原因，阐明在监测指导下进行施工拆除的重要性和意义。文章指出：①在软土地区深基坑施工过程，由于工程地质条件和周边环境复杂，必要的监测和数据分析是整个基坑施工顺利进行的重要保证。通过监测及分析，不仅能及时掌握基坑及周边环境的安全状况，且能指导施工的进行；②深基坑在支撑拆除、浇筑各层结构梁板过程中，及时换撑，与结构梁板形成整体，使整个结构逐渐参与抵抗基坑变形，这能很好解决支撑拆除过程中的基坑安全问题。

2.7　灌注桩的施工

潮汕地区淤泥软土、砂土层交相沉积，工程桩选用砂土层作为持力层，如何提高工程桩的承载力是一个关键问题。陈小明等在《灌注桩桩端分层后注浆施工工艺的研究与探索》一文中探索了桩端后注浆的各种注浆方法，介绍了灌注桩桩端分层后注浆的加固机理、施工方法和注浆效果。桩端分层后注浆比普通桩端后注浆能进一步提高单桩竖向承载力、降低后期沉降，且具有缩短施工工期和降低工程造价的优点，其施工工艺有着重要的意义和广阔的应用前景。

大直径灌注桩穿过复杂、相当厚度的淤泥软土层、砂土层，进入高强度的岩层，如何护壁、穿透、提高施工效率、保证成桩质量是关键。付海滨、肖亮坤在《大口径旋挖钻机在枫江特大桥桩基施工中的应用》一文中介绍了大口径旋挖钻机的施工方法。枫江特大桥地质条件复杂，覆盖层为淤泥质土、粉质砂土类、黏土类等交互层组成，工程性能极差，覆盖层厚度在 47.0m～52.0m；基岩层为强风化、弱风化砂岩层组成，工程性能好，弱风化砂岩抗压强度为 30MPa，桩身进入弱风化砂岩 15.60m～22.80m。在桩基施工中，为了不影响施工进度，采用先进的大口径旋挖钻机进行桩基施工，不仅大大提高了施工效率，成桩质量也得到了有效控制。在同类工程中，使用旋挖钻机成孔施工的方法具有质量可靠、成孔速度快、成孔效率高、适应性强、环保等特点。

3　几点探讨的问题

3.1　关于内支撑

近年来内撑式支护结构在汕头市的应用愈加广泛，对于一些周边环境对变形要求较高的基坑工程，或者锚杆使用受限的地区可以采用内支撑的支护形式。内支撑的布置形式有井字形（多见于钢支撑）、对撑＋角撑＋边桁架、圆环支撑、斜抛撑等多种形式。目前我国软土地区的大量深基坑大多地处繁华的城市中心，周边往往分布较重要的建筑、道路、管线和地铁隧道等。内支撑在环境复杂、开挖深度大、土质条件差的基坑工程中使用较为多见，其在环境影响控制方面有一定的优势。

本次收录的论文中有 4 篇论文中的基坑工程采用的是内支撑形式，其中被多篇论文提及的猛狮广场项目规模较大，基坑面积 110.6m×110.6m，开挖深度 12m，属于深基坑工程而且开挖面积较大。但是对于一些面积过大的基坑采用内支撑结构布置，所用的支撑体量较大，其经济性有待商榷。对于一些面积大、内支撑造价高的工程可以考虑采用支护结构与主体结构相结合的设计方法，以结构的梁板为基坑开挖过程中的临时支撑，有助于节省造价。

3.2 关于施工过程

基坑工程的安全不仅仅与支护结构的形式、材料刚度等因素有关，施工过程的控制也至关重要。出现的基坑工程事故中，大多会与施工过程有或多或少的关系。施工现场环境复杂，应对施工现场严格管理，尽量减少施工荷载对基坑的影响。例如：严格管控大型机械长期在基坑附近作业；大型堆料场不得置于基坑周围；对基坑支护结构作实时监测；按步骤实施作业，减少空间和时间效应的影响等。

本次收录的论文中有 6 篇是关于施工过程控制的，对于一些新建项目和改建项目在施工过程中的控制要点做了详细的归纳和提炼。同时也提出了一些发生过大位移后的解决方案，具有很强的指导意义。

3.3 关于地下水控制

基坑工程场地的地质和水文条件复杂，随着基坑规模的不断扩大，开挖深度不断增加，止水、降水、排水的要求也越来越高，由此引发的工程问题也越来越突出。

本次收录的论文中有 5 篇是关于地下水控制的，论文中提到了降水对工程产生的影响及处理方法。降水应有度，结合施工现场的水位监测报告坚持"按需降水"的原则。过量降水会引起支护结构变形、地面沉降、地面下土体沉降等问题。因此在设计前应根据地质勘查报告，对周边环境进行调研，明确沉降敏感建筑物的分布和承受能力，结合基坑工程本身情况制定有针对性的降水方案。降水过程中还应密切关注水位监测数据选择降水强度。

止水帷幕失效是基坑工程的一个重要问题，如何根据场地工程地质条件，合理设计、施工止水帷幕，保证不漏水，不对周边环境造成影响，也是本书中多篇论文关注的要点。

3.4 基坑监测

由于岩土体成分和结构的不均匀性、各向异性及不连续性决定了岩土力学性质的宏观复杂性，加上自然环境因素的影响，理论预测值还不能全面而精准地反映工程的各种变化，所以在理论分析的指导下进行现场工程的监测是十分有必要的。在现行的规范中规定"开挖深度超过 5m，或者开挖深度未超过 5m 但是现场地质情况和周围环境较复杂的基坑工程以及其他需要监测的基坑工程应实施基坑工程监测"。基坑监测的项目主要有：围护体水平位移、围护体顶部水平位移、围护体顶部垂直沉降、支撑轴力监测、地下水位监测、基坑周围地表、建筑物沉降。

本次收录的论文中有 2 篇是关于监测的。论文根据监测数据总结了基坑变形的规律和特点，并汇总多年数据，对今后类似工程具有宝贵的指导意义。但是传统的基坑监测是监测人员定期或者在施工关键部位时到现场进行检测，所测的数据是不连续的，只是当时那一个时间点的数据，这样就有可能错过数据分析的最佳时机。对于一些大型的复杂基坑要积极引进更为先进的自动监测系统。自动监测系统是集自动监测数据的采集、分析、查询于一体的信息管理系统。通过自动监测系统可以实现自动检测仪器数据的采集、数据传输汇总以及数据的远程查询，实现在远程即时查看监测数据的要求，保证工程数据及时处理，在工程出现问题的第一时间发现问题、解决问题，保障工程的安全进行。

3.5 关于数值分析

当前，基坑工程遇到的环境越来越复杂，需要综合考虑各种工况才能确保基坑设计和施工的安全。传统的计算方式已经难以满足日益多变的工程问题，数值分析在基坑工程的计算和分析中显得越来越重要，可以按照实际工程的开挖步骤、方式进行与之基本一致的平面问题、空间问题数值分析。并且随着我国计算机水平的不断提高，有限元软件的发展也是日新月异，在分析较为复杂的工程时展现出传统方法不可比拟的优势。数值分析中关键的一个问题是采用合适的模型和计算参数，否则会造成结果不准确。现在主流的本构模型有：线弹性模型、Duncan-Chang 模型、Mohr-Coulomb 模型、Cam-Clay 模型等。不同的模型有不同的适用性，要根据实际工程选择合适的模型。

本次收录的论文中有 4 篇论文采用了数值模拟的方式对基坑工程问题进行研究并取得了很好的效果，所采用的有限元软件也多种多样，如 MIDAS/GTS、SAP2000、PLAXIS 等，全部采用 MC 模型。

4 结语

本次收录的论文所研究的基坑工程均为汕头市的工程，从几个侧面可以反映出汕头市目前基坑工程的现状。首先，近年来汕头市基坑支护技术水平的发展是值得肯定的，一些大型的、复杂的基坑工程的成功和新型支护结构的应用，都说明汕头市在基坑支护技术方面取得了巨大的成就。但是在这个发展的过程中暴露出的一些问题也是值得我们警醒和反思的：

（1）进一步拓宽支护结构理论研究领域，探索新型的支护结构形式，在保证基坑安全稳定的前提下，提高工效，有效控制成本、缩短工期，并实现节约资源，保护生态环境，创建出一条和谐发展的绿色施工新路子。

（2）积极学习和借鉴国内外新理论、新技术、新材料和新设备。不断创新，接受新事物，逐渐淘汰落后、陈旧的方式方法。

（3）实现整个施工过程规范化、信息化。无论是基坑结构的设计还是施工，整个过程都应该做到规范化、信息化，每个步骤都能有所依据，严肃对待工程从始至终的全过程，及时发现施工过程中所出现的各种险情，并及时认真加以处理，确保施工过程安全顺利。

第二篇　计算理论与结构分析

双排桩支护结构在软土地区基坑工程中
控制变形的作用及分析

林鹏[1,2]，焦闪博[1]

（1 汕头大学土木工程系，广东　汕头 515063；2 汕头市岩石力学与工程学会，广东　汕头 515041）

[摘要]：本文综合分析软土地区基坑工程的工程情况，比较分析双排桩支护结构的特点及应用情况。结合施工方法，提出控制基坑变形的新思路。考虑影响双排桩围护结构体系的诸多因素，应用 PLAXIS 有限元分析软件对双排桩围护体系的受力和变形进行数值分析，总结其变化规律。得出的一些有参考价值的结论，对软土地区双排桩支护的设计、施工有一定的指导作用。

[关键词]：基坑工程；软土地区；双排桩支护结构；有限元数值分析

1 前言

在软土地区基坑工程中，如何保证基坑的稳定性、控制基坑支护的变形、减少对周围环境的影响，已经成为基坑工程设计和施工的重点[1~3]。双排桩结构是一种空间组合类围护结构，由前后两排钢筋混凝土桩以及桩顶的刚性连系梁组成，沿基坑长度方向形成双排围护的空间结构体系。这种结构利用前后两排桩对土压力分布的有效分担，使支护结构的入土深度、桩身的内力分布更为合理，基坑的变形也得到很好控制，方便地下室结构施工，节省工期、费用。由于上述特点，双排桩结构在软土基坑工程中的应用得到很快推广。目前，双排桩结构的研究已经取得一些进展，蔡袁强等[4]用有限元方法对软土地基中双排桩围护结构的内力和变形特性进行了研究，黄强[5]根据极限平衡原理，推导了前后排桩桩间土的主动土压力计算公式和后排桩影响系数。聂庆科、梁金国等[6]对双排桩结构进行了详尽的数值分析，提出合理的设计理论。陆培毅等[7]分析了桩距和开挖深度等因素对双排桩围护结构的影响，比较了同等桩距条件下的双排桩和单排桩的性能表现。邓小鹏等[8]揭示了桩身及连梁刚度、桩长、排距、土体性质等各种因素对双排桩支护结构影响的规律，并分析了不同区域的土体加固效果的影响因素。这些成果为双排桩支护结构在基坑工程的合理应用奠定了基础。但双排桩支护结构毕竟是悬臂结构，在变形要求高的复杂环境下，很难满足一、二级基坑工程的要求，只有合理配合挖土施工方案，才能最大限度地发挥双排桩支护结构的优点。

本文在综合分析汕头软土地区基坑工程的基础上，结合具体工程的施工挖土方案，比较分析双排桩支护结构的特点及控制变形的作用。考虑影响双排桩围护结构体系的诸多因素，应用 PLAXIS 有限元分析软件对双排桩围护体系的受力和变形进行数值分析，总结其变化规律。得出的一些有参考价值的结论，对软土地区双排桩支护的设计、施工有一定的指导作用。

2 双排桩支护结构对软土地区基坑工程控制变形的作用分析

2.1 汕头软土地区工程地质概况

汕头软土地区分布于韩江、榕江和练江出海口，属于三角洲相、滨海相沉积平原，该地区在燕山期花岗岩上沉积了厚度达几十米至一百多米的第四系晚更新统海陆交互相砂土、黏性土层，以及全新统滨海相砂土、淤泥软土层。其中淤泥软土层层顶埋深较浅，通常在地面下 2m～5m 范围内，平均厚度接近 30m。淤泥软土的工程性质较差，具有含水量高、压缩性大、抗剪强度低等特点。含水量 $w=60\%\sim80\%$，压缩系数 $a_{1-2}=1.5MPa^{-1}\sim2.5MPa^{-1}$，直剪黏聚力 $c_{uu}=6kPa\sim10kPa$，内摩擦角 $\varphi_{uu}=1.0°\sim7.0°$。

2.2 汕头软土地区基坑工程情况分析

由于汕头的淤泥软土层具有埋藏浅、厚度大、工程性质差等特点，故该地区的基坑工程不可避免地存在土压力大、支护结构规模大、造价高的普遍现象。如何保证基坑的稳定性、控制基坑支护的变形、减少对周围环境的影响，成为汕头地区基坑工程设计、施工的重点。目前汕头地区开挖深度在 7m 左右的基坑工程，一般选用钢筋混凝土钻孔灌注桩挡土、外加水泥土搅拌桩止水的支护结构体系。表 1 为汕头地区典型基坑工程的支护结构类型及性能表现。

汕头地区典型基坑工程的支护结构类型及性能表现　　　　　　　　　表 1

基坑工程名称	某华庭西区	某雅轩花园	某花园南区	某附属医院大楼	某华庭小区	某华庭花园
基坑尺寸	150m×81m	75m×74.8m	130m×67m	168m×42m	104m×57.8m	180m×67m
支护结构类型	单排钻孔灌注桩	单排钻孔灌注桩	单排钻孔灌注桩	单排钻孔灌注桩＋水平内支撑	双排钻孔灌注桩	双排钻孔灌注桩
桩径及桩长	桩径0.6m、0.8m 桩长18m～27m 桩距1.0m～1.5m	桩径1.3m 桩长27.8m	桩径0.8m、1.0m 桩长23m 桩距1.3m～1.6m	桩径1.2m 桩长25m 桩距1.4m	桩径0.8m 桩长35m 桩距1.5m	桩径0.8m 桩长25m
开挖深度	7.2m （局部8.3m）	8.9m （局部10.5m）	6.5m～7.7m	约7.5m	6.25m	约7.5m
最大位移	22.72cm	19.3cm	22.4cm	2.5cm	12.8cm	11cm～12cm

从表 1 可看到，在开挖深度 6m～7m 的基坑工程中，采用一排钻孔灌注桩悬臂支护结构，变形在 3.5cm～26.72cm 之间，开挖过程中变形过大，虽不至于破坏，但如果周边环境复杂，则很难满足工程要求；采用双排钻孔灌注桩悬臂支护结构，变形在 2.32cm～12.0cm 之间，约为单排桩的一半，变形得到很好的控制；采用钻孔灌注桩＋钢筋混凝土水平内支撑支护结构，变形最小，能满足复杂环境的要求，但这种支护结构造价高，挖土过程施工不方便，施工工期长。双排桩支护结构在汕头地区首次应用在失稳基坑的补强措施上[9]，后来经众多工程设计人员的推广应用，得到很大的发展。虽然双排桩支护结构能有效控制变形，但它仍然是悬臂结构，只有合理配合挖土施工方案，才能最大限度地发挥双排桩支护结构的优点，使变形能够满足一、二级基坑的控制要求。本文结合澄海人民医

院基坑工程，阐述双排桩支护结构如何与挖土施工方案结合，最大限度地减少变形，满足工程要求。

2.3 双排桩支护结构与挖土施工方案结合的工程分析

2.3.1 工程概况

　　汕头市澄海区人民医院新建住院大楼，楼高 13 层，设一层地下室，基坑为长方形，面积约为 80m×34m，开挖深度约为 6.4m。基坑周边环境复杂，南侧为旧住院大楼，三层框架结构，浅基础，毗邻支护结构；北面为民居，浅基础，距离基坑边缘约 8.0m。图 1 为基坑的平面布置图。

　　场地上部土层依次为：素填土、细砂、淤泥、黏土、细砂、淤泥质土、黏土、中砂。其中天然地面 4.5m 以下为灰色淤泥，流塑，厚度约为 19.2m～20.2m。开挖深度范围内的主要为素填土、细砂、淤泥。

　　由于地质条件复杂，周边环境保护要求较高，综合考虑工程造价等因素，在旧住院楼和居民楼一侧采用双排钻孔桩＋水泥土搅拌桩复合围护结构，桩径 0.8m，桩长 28m，排距分别为 1.25m 和 1.65m；在基坑东、西两侧及南面部分采用单排钻孔桩，桩径 1.0m，桩长 28m，桩距 1.5m；四角设置长度为 6m 的角支撑。

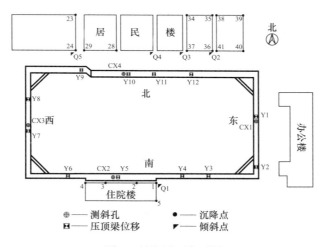

图 1　基坑平面布置图

2.3.2 挖土施工方案

　　根据该基坑工程的周边环境，为保证南侧旧住院楼、北侧居民楼在开挖过程的安全，须将该位置的变形控制在不大于 5cm。但由上面的分析可知，即使采用双排桩支护结构，变形依然难以满足要求，故此必须与挖土施工方案结合，制定合理的施工方案，通过优化挖土过程的施工程序，控制变形，以期尽可能发挥双排桩支护结构的优点。具体原则为：分区、分层开挖；分块、分步开挖；施工基础承台、地下室底板作为局部坑底支撑点（工程桩为钻孔灌注桩）；及时反压回填土体，控制整个基坑的变形量，满足工程的要求。在实际开挖过程中，设计、施工、监理各方密切配合，严格按照上述方案施工，取得满意结果，具体开挖过程的观测变形值见表 2。

支护结构各位置的最终侧向变形															表2
	压顶梁监测点												测斜孔顶点			
	Y1	Y2	Y3	Y4	Y5	Y6	Y7	Y8	Y9	Y10	Y11	Y12	CX1	CX2	CX3	CX4
侧向变形（cm）	2.7	0.25	4.2	5.8	3.4	2.9	2.8	2.0	3.2	2.2	2.8	3.0	2.77	3.34	2.47	2.16

3 双排桩支护结构的数值分析

本文以澄海人民医院基坑工程为例，采用 PLAXIS 有限元分析程序对双排桩支护结构的性能进行分析，分析双排桩结构控制变形的作用，了解桩身刚度、连梁、排距等诸多影响因素对双排桩支护结构性能的影响。

3.1 有限元计算模型

选择旧住院楼一侧为计算对象，附加荷载 50kPa，该侧开挖 6.4m。模型采用平面应变模型，围护桩用梁单元来模拟，土体用 15 节点的高精度三角形单元模拟，采用接触面单元来模拟土与结构的共同作用，有限元计算模型见图 2。

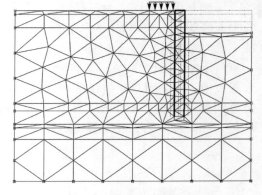

图 2　有限元计算模型

3.2 计算参数

土体的本构关系采用莫尔—库伦理想弹塑性模型，根据场地工程地质情况确定的计算参数见表 3。根据设计方案围护桩每延米的等效刚度 $EI=4.8\times10^5\mathrm{kN\cdot m^2/m}$，$EA=1.2\times10^7\mathrm{kN/m}$，连梁等效刚度为 $EI=3\times10^5\mathrm{kN\cdot m^2/m}$，$EA=1.44\times10^7\mathrm{kN/m}$。

				土体的莫尔—库伦模型计算参数		表3
参数	层厚 h（m）	重度 γ（kN·m³）	有效黏聚力（排水）c(kPa)	有效内摩擦角（排水）φ(°)	泊松比 ν	杨氏模量 E_{ref}（kN/m²）
填土	1.0	18	1	30	0.30	12000
细砂	3.5	17.5	1	32	0.33	30000
淤泥	20	16	7	25	0.30	7110
黏土	2.0	18	25	31	0.30	16230
细砂	3.5	17.5	1	33	0.33	30000
淤泥质土	1.0	16.5	8	29	0.30	11730
黏土	3.0	18	26	31	0.30	16260
中砂	11.0	19	1	35	0.35	40000

3.3 数值分析与现场监测结果的比较分析

依照前述计算模型及参数，所得的计算结果见图 3。图 3 同时也展示了单排桩支护结构以及单排桩＋内支撑支护结构的数值分析结果。与现场测斜仪的监测结果相比较可以看到，在计算的过程中，由于假设为平面问题，双排桩支护结构如果不考虑施工过程，最大水平变形达到7.95cm，与现场实测结果差别较大，但与汕头市同类型基坑工程类似。如果计算中结合施工方案，考虑施工过程中承台的局部支撑作用，最大的水平变形只有2.4cm，计算结果与现场实测结果相当吻合。同为悬臂结构，但单排桩支护结构的最大水平变形达到19.3cm，可见双排桩支护结构具有较强的控制变形作用。

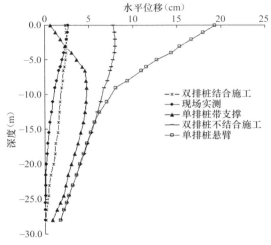

图3 计算与现场监测结果的比较分析

3.4 相关因素对双排桩支护结构性能影响的数值分析

双排桩支护结构作为一空间组合围护结构，受力复杂，影响其围护性能的因素众多。将上述澄海人民医院基坑工程实例作为参考算例，进一步研究桩身刚度、连梁刚度、前后排距等因素对桩身内力和变形的影响。

3.4.1 桩径的影响

实例工程中双排桩桩径为0.8m，排距1.25m，在本分析中只考虑桩径对支护结构刚度的影响。图4为桩径为0.6m、0.8m、1.0m时的支护结构侧向变形和弯矩。由图可见，桩径从0.6m增大为0.8m时，减小侧向变形的效果很显著；但桩径从0.8m增大为1.0m，侧向变形没明显变化。桩径增大均使前后排桩的弯矩明显增大（详见图4右图）。设计中需对影响工程造价的桩身刚度的选择采取谨慎态度，适当提高支护结构刚度可以减小支护结构的侧向变形，但同时增加工程造价，只有在合理桩径范围内提高支护结构刚度才能有效减小侧向变形。

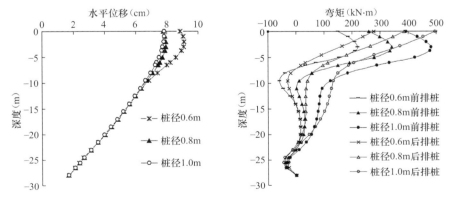

图4 桩径的影响

3.4.2 连梁刚度的影响

连梁在双排桩支护结构中特别重要，它将前、后排桩连起来形成一个门式刚架。实例工程中双排桩桩顶连梁尺寸为 $2.5\text{m} \times 0.8\text{m} \times 0.6\text{m}$，在有限元分析中，通过变化连梁的高度分析连梁刚度对支护结构的影响，具体结果见图 5。从图 5 可以看到，无连梁时双排桩仅作为悬臂单排桩作用，侧向变形与弯矩均符合悬臂单排桩特征。连梁高度变化为 0.3m 时，桩身最大位移减小较快，侧向位移得到很好控制。梁高从 0.3m 增大至 0.6m 时，桩身最大位移有一定减小，幅度减缓，增大到 1.0m，位移基本无变化。增加连梁刚度，可使前、后排桩的水平位移减小，但当增加到一定程度后，对桩身水平位移的限制并不明显。因此，在实际工程中，可权衡考虑减少造价。

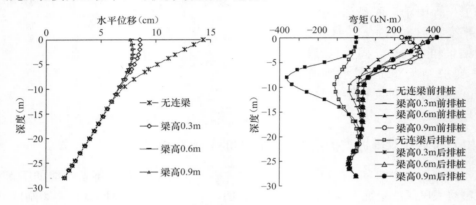

图 5　连梁刚度的影响

3.4.3　排距的影响

双排桩支护结构作为空间结构体系，在沿着基坑边的方向，每一榀双排桩都分担一定程度的水土压力。前后排桩的排距发生变化，双排桩的桩间土压力和支护结构的性能也发生变化。实例工程双排桩前后排距为 1.25m 和 1.65m，图 6 为排距分别为 0.8m、1.6m、4.8m 和 8.0m 时支护结构的侧向变形和弯矩分析图。由图 6 可见，当排距为 0.8m 时，支护结构侧向变形最大，比排距为 1.6m 时明显偏大，支护结构侧向变形曲线类似于单排桩悬臂支护结构情况。随着排距的增加，前、后排桩的侧向变形逐渐减小，但减小的趋势越来越缓慢。通过弯矩图可以看出，随着排距的增加，前排桩的弯矩缓慢增大，但后排桩的弯矩显著减小，这是因为土压力主要作用在前排桩，后排桩通过连梁起到拉锚的作用。

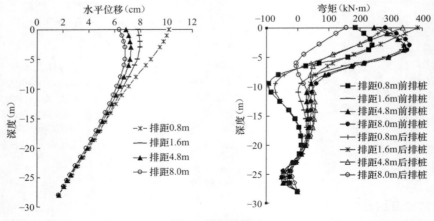

图 6　排距的影响

综上分析可见，当双排桩排距过小时，支护结构主要表现悬臂式特性，当排距较大时，后排桩对桩间土影响减弱，桩土之间的协同作用减弱，后排桩主要通过连梁起拉锚作用。这两种情况均无法使双排桩及其桩间土有效地发挥作用，只有当双排桩排距为 $2d \sim 4d$（d 为桩径）时，才能使双排桩支护结构达到较好的效果。

4 结论

通过对双排桩支护结构在软土地区基坑工程应用情况的分析，以及相关因素对双排桩支护结构性能影响的有限元数值分析，可以得到以下结论：

（1）与单排桩相比，双排桩支护结构能有效地控制基坑侧向变形、减小桩身弯矩、降低基坑开挖工程对周边环境的影响。但在周边环境特别复杂的情况，必须与挖土施工方案相结合，才能最大限度地发挥双排桩支护结构的性能表现。

（2）适当提高支护结构刚度可以减小支护结构的侧向变形，但同时增加工程造价，只有在合理桩径范围内提高支护结构刚度，才能有效减小侧向变形。

（3）增加连梁刚度，可使前、后排桩的水平位移减小，但当增加到一定程度后，对桩身水平位移的限制并不明显。在实际工程中，可权衡选择以减少工程造价。

（4）双排桩之间排距的变化直接影响桩体两侧土压力的变化。排距过小，支护桩主要表现为悬臂式特性，若排距过大，则后排桩主要起拉锚作用。当排距在 2～4 倍桩径时，双排桩支护结构的效果最好。

参考文献：

[1] Ashraf S. Osman and Malcolm D. Bolton. Ground Movement Predictions for Braced Excavations in Undrained ClayJournal of Geotechnical and Geoenvironmental Engineering，2006，132（4）：465-477.

[2] Richard J. Finno，M. ASCE，and Jill F. Roboski，S. M. Three-Dimensional Responses of a Tied-Back Excavation through Clay. Journal of Geotechnical and Geoenvironmental Engineering，2005，131（3）：273-282.

[3] Chang-Yu，Ou，Tzong-Shiann，Wu. Analysis of Deep Excavation with column type of ground deformation.

[4] 蔡袁强，阮连法，吴世明等. 软粘土地基基坑开挖中双排桩式围护结构的数值分析及应用 [J]. 建筑结构学报，1999，20（4）：65-71.

[5] 黄强. 深基坑支护工程设计技术 [M]. 北京：中国建材工业出版社，1995.

[6] 聂庆科，梁金国，韩立君，白冰. 深基坑双排桩支护结构设计理论与应用 [M]. 北京：中国建筑工业出版社，2008.

[7] 陆培毅，杨靖，韩丽君. 双排桩尺寸效应的有限元分析 [J]. 天津大学学报，2006，39(8)：963-967.

[8] 邓小鹏，陈征宙，韦杰. 深基坑开挖中双排桩支护结构的数值分析与工程应用 [J]. 西安工程学院学报，2002，24（4）：42-47.

[9] 林鹏，Tsui Y. 双排桩结构在失稳基坑中的补强作用 [J]. 工业建筑，2002，32（337）：82-84.

软土地区双排桩支护模型在 SAP2000 中的实现和讨论

程少彬

（汕头市建筑设计院，汕头 515041）

[摘要]：本文以一软土地区双排桩基坑支护工程为例，在 SAP2000 模型中，对前排桩侧土的水平反力（弹簧）系数、桩间土水平刚度系数、后排桩水平荷载分布以及排桩桩底支座等参数和边界条件进行分析和讨论，对比不同模型内力和变形结果，同时结合地质条件接近的双排桩支护工程的监测结果判断，最终确定软土地区双排桩支护模型的合理参数和边界条件。

[关键词]：软土地区；基坑；双排桩支护；SAP2000；参数；边界条件

1 前言

双排桩支护形式对于深厚软土地区因场地限制、开挖深度 6.0m～8.0m 的基坑有一定的适用性，当场地条件允许采用坑顶土体放坡卸荷或坑底土坡反压时也可用于 9.0m 左右的基坑工程。在《建筑基坑支护技术规程》JGJ 120—2012[1]（下文简称现行基坑规程）实施前，双排桩支护一般采用理正深基坑支护结构设计软件按图 1（a）模型进行计算，通过等效开挖深度计算前、后排桩土压力分担系数，前、后排桩等效开挖面以下桩前侧土压力采用土弹簧模拟，水平反力系数按"m"法确定，该方法忽略了前、后排桩和桩间土的相互作用，仅通过排桩顶部的连系梁协调内力和变形[5]。现行基坑规程明确了双排桩平面刚架模型［图 1（b）］和计算参数的要求，作用在前排桩的土反力和后排桩的水平荷载与单排桩对应的开挖侧和挡土侧相同，将桩间土看作单向压缩体，根据桩间土的压缩模量确定其水平刚度系数。

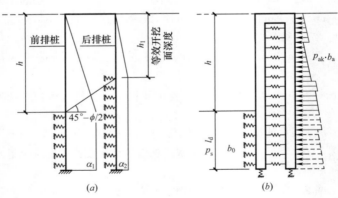

图 1 双排桩支护模型

（a）理正基坑模型；（b）现行基坑规程模型

现行基坑规程中双排桩刚架模型由承担全部水平荷载的后排桩通过桩间土、桩顶连系梁（刚架梁）与受土反力作用的前排桩协同受力，这和图 1（a）模型有一定的差别。本文通过一个软土地区双排桩基坑支护工程，结合现行基坑规程要求，按图1（b）模型进行计算，与采用理正基坑软件计算的内力和变形结果进行比较，以确定软土地区双排桩支护模型合理的参数和边界条件。

2 工程概况及地质条件

某工程两层地下室，基坑北侧邻近市政道路，地下室外墙离用地红线11.0m～12.5m，从现地面起计至底板垫层底的开挖深度6.2m，采用双排桩支护结构，桩径800mm，桩长自压顶板面起计24m，排距$s_y＝2.3m$，间距$b_a＝2.1m$，桩顶连系梁650×700mm；前、后排桩间设2排φ600水泥搅拌桩兼起截水和挡土的作用，水泥搅拌桩中心间距450mm，搭接150mm，桩长自压顶板面起计12.0m。基坑安全等级二级，基坑顶地面超载按20kN/m²考虑，基坑平面、基坑北侧J-J剖面和对应的水平荷载简图，以及邻近的勘探孔ZK30主要土层的柱状图详图2、图3。

工程场地属三角洲冲积平原地貌，土层自上而下依次为：①杂填土，层厚0.38m～4.09m，松散状；②粉质黏土，层厚0.65m～2.31m，软塑—可塑状；③细砂，层厚2.18m～7.65m，松散状；④淤泥，层厚18.37m～29.05m，流塑状；⑤粉质黏土，层厚0.50m～4.45m，软塑—可塑状；⑥细砂，层厚1.53m～9.02m，稍密—密实状；⑦砾砂，层厚1.90m～14.46m，中密—密实状；⑧粉质黏土，层厚0.25m～7.64m，可塑—硬塑状；⑨中砂，层厚3.50m～12.48m，中密—密实状；⑩淤泥质土，层厚4.95m～16.77m，软塑状；⑪中砂，层厚5.60m～20.23m，中密—密实状；⑫淤泥质土，未揭穿，软塑—可塑状。主要土层参数详见表1。

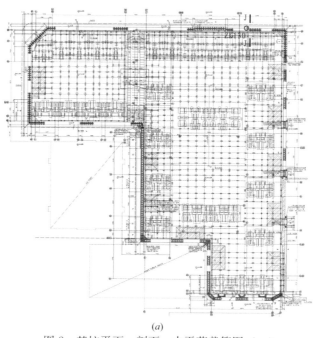

(a)

图2 基坑平面、剖面、水平荷载简图（一）

（a）基坑平面

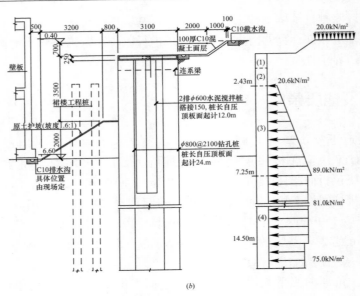

图 2　基坑平面、剖面、水平荷载简图（二）

（*b*）基坑 J—J 剖面、水平荷载简图

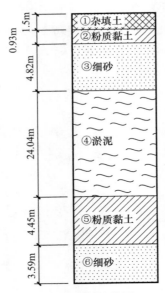

图 3　2K30 柱状图

主要土层参数　　　　　　　　　　　　　　　表 1

参数 土层	重度 γ （kN/m³）	含水量 $w(\%)$	孔隙率 e	液性指数 I_L	标贯击数 N（平均值）	黏聚力 c（kPa）	内摩擦角 $\varphi(°)$
① 杂填土	16.7	—	—	—	—	6	26
② 粉质黏土	18.3	29.9	0.819	0.487	5.3	20	13
③ 细砂	18.6	—	—	—	6.7	0	26
④ 淤泥	15.0	68.2	1.872	1.308	—	10.5	5
⑤ 粉质黏土	18.8	29.6	0.832	0.384	3.8	—	—

3 SAP2000 模型及参数选用

图 1（b）刚架模型为平面弹性支点法计算简图，本文采用 SAP2000 软件进行计算：前、后排桩和桩顶连系梁采用杆单元；前排桩侧土水平反力采用杆单元侧向弹簧系数模拟；桩间土水平刚度系数采用连接前、后排桩对应节点，弹性模量等于土压缩模量的系杆（杆单元）模拟；作用于后排桩的水平荷载和理正基坑软件中单排桩支护结构水平荷载的分布和大小相同。双排桩支护结构采用 SAP2000 模型分析的参数和边界条件详见以下各点说明。

3.1 前排桩侧土的水平反力

现行基坑规程把承受水平荷载的排桩视为竖向的弹性地基梁，符合文克勒弹性地基梁假定，排桩挡土侧土水平反力系数采用"m"法计算，一般情况下在理正基坑软件中也选择采用该方法。本工程基坑支护结构开挖面以下只有少量的松散粉细砂薄层，其下基本是流塑状淤泥。淤泥土体强度随深度增加较小，被动土压力区软土除了能够提供比浅层更大的反力外，刚度增加并不明显，可以认为在淤泥中土水平反力系数接近不变，这和上海基坑规范中板式支护体系土反力一般情况下采用"K"法的规定基本一致。上海基坑规范规定基坑开挖面弹性水平反力（基床）系数为 0，开挖面以下 3m～5m 范围呈三角形分布，其下分土层按矩形分布[2]。考虑到基坑开挖面以上有图 2（b）中的反压土存在，基坑开挖面被动土压力区已经能够提供一定的土反力，因此，SAP2000 模型中基坑开挖面以下土的水平反力系数暂定根据土层不同按矩形分布，即采用"常数"法。

SAP2000 模型中支护桩采用杆单元，以 0.5m 为一个单元，采用杆单元侧向弹簧系数模拟排桩计算宽度内土的水平反力系数。根据文献［4］，对于软弱土层，水平反力系数可认为与标贯击数相关，$k_s = 2 \times 10^3 N$（kN/m³）。本工程第③层细砂层标贯击数 $N = 5 \sim 10$ 击，平均 $\bar{N} = 6.7$ 击，$k_s = 2 \times 10^3 \bar{N} = 13.4 \times 10^3 \text{kN/m}^3$，同时参考砂层密实度对应的水平反力系数的参考值，极松—松散砂层水平反力系数为（3～30）× 10³ kN/m³，综合以上经验数值，第③层细砂层水平反力系数按 $k_{s,3} = 13.5 \times 10^3 \text{kN/m}^3$ 取用；本工程淤泥层无标贯试验数据，第④层淤泥层水平反力系数按 $k_{s,4} = 6 \times 10^3 \text{kN/m}^3$ 取用。

从图 4 可以看到，由于桩间 2 排 $\phi600$ 水泥搅拌桩的挡土作用，支护结构上段由排桩桩径确定的计算宽度以外的土反力应该能够通过水泥搅拌桩传递给排桩，1 榀支护单元前

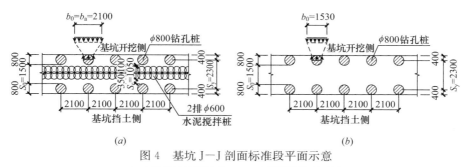

图 4　基坑 J—J 剖面标准段平面示意

（a）水平搅拌桩段平面；（b）水泥搅拌桩以下平面

排桩的土反力计算宽度 b_0 可取双排桩间距 $b_a = 2.1m$，在水泥搅拌桩以下取规范土反力计算宽度 $b_0 = 1.53m$。根据上面不同深度土反力计算宽度和土的水平反力系数可得到，支护结构前排桩在第③层细砂层中的水平弹簧系数 $K_3 = k_{s,3}b_a = 28.4 \times 10^3 kN/m$，在第④层淤泥层中的水平弹簧系数在水泥搅拌桩段 $K_{4,u} = k_{s,4}b_a = 12.6 \times 10^3 kN/m$，在水泥搅拌桩以下 $K_{4,d} = k_{s,4}b_0 = 9.18 \times 10^3 kN/m$。

3.2　前、后排桩桩间土水平刚度模拟

图 1（b）中，前、后排桩的桩间土采用连系前、后桩间的弹簧模拟，在 SAP2000 模型中以与前、后排桩铰接的系杆代替，系杆截面高度 h_t 取排桩桩体单元长度 0.5m，宽度 b_t 近似取土反力计算宽度 1.53m，材料弹性模量取桩间土等效压缩模量，泊松比 v 取 0。排桩上段桩间设有 2 排 $\phi600$ 水泥搅拌桩，计算等效压缩模量应考虑桩间土和水泥搅拌桩的不同。SAP2000 模型中前、后排桩的桩中距是采用排距 s_y，实际的压缩层厚度仅为排桩的净距 s_0（图 4），等效压缩模量 E_s' 可通过下式计算：

$$E_s' = \frac{s_y}{s_0} \frac{s_0 \cdot E_s E_{s,c}}{s_c E_s + (s_0 - s_c)E_{s,c}} \tag{1}$$

式中，E_s 为计算深度前、后排桩桩间土的压缩模量，第①～③土层 $E_{s,1} = E_{s,2} = E_{s,3} = 4.0MPa$，第④土层 $E_{s,4} = 1.75MPa$；$E_{s,c}$ 为桩间水泥搅拌桩水泥土的压缩模量，$E_{s,c} = 96.0MPa$；s_c 为 2 排 $\phi600$ 水泥搅拌桩桩体的宽度，$s_c = 1.05m$。

前、后排桩间土为地基中的第①～④层，其中 2 排 $\phi600$ 水泥搅拌桩自压顶板起计 12m，根据式（1），按勘探孔 ZK30 计算的桩间土修正后等效压缩模量 E_s' 对应第①～④土层分别为 $E_{s,1}' = E_{s,2}' = E_{s,3}' = 18.6MPa$，$E_{s,4u}' = 8.6MPa$，第④土层在水泥搅拌桩段以下 $E_{s,4d}' = 2.7MPa$。

需要说明的是，根据现行基坑规程，前、后排桩之间作用需要计入桩间土对桩侧的初始压力，考虑到本工程双排桩间 2 排 $\phi600$ 水泥搅拌桩有一定强度，能够自立，模型中排桩间相互作用不计入桩间土对桩侧的初始压力。另外，由于土的抗拉强度很低，计算时不考虑前、后排桩桩间土承担拉力，初步确定当桩间系杆出现拉力时，取消该系杆后重新计算，直至桩间系杆不出现拉力为止。

3.3　排桩桩底支座情况说明

根据图 1（b）模型，排桩桩底采用竖向弹簧模拟排桩的竖向刚度，根据地质资料，排桩桩端位于淤泥层中，淤泥的竖向基床系数取 $k_v = 10 \times 10^3 kN/m^{3[4]}$，SAP2000 模型中桩底竖向弹簧刚度 $K_v = k_v \cdot \pi d^2/4 = 5024kN/m$。

根据之前一个地质条件和开挖深度接近的双排桩支护基坑工程监测结果，在整个开挖周期中，基坑外地面因支护结构水平变形或降水引起的沉降量达到 75mm，但压顶板的下沉量只有 0.8mm～1.4mm，这个数值对支护结构水平位移和内力的影响基本上可以忽略不计。以上监测结果反映由于桩侧摩阻力的存在，桩身轴力并不是全长不变，单独采用桩底的竖向弹簧模拟排桩的竖向刚度可能会引入一些偏差。同时考虑到支护结构在开挖面以下基本上位于淤泥层中，水平荷载作用下整体平移分量不可忽略，因此，确定在图 1（b）模型基础上，释放排桩桩底的水平约束，并增加桩底为滑动铰支座的模型进行对比。

3.4 水平荷载

现行基坑规程中,挡土侧基坑开挖面以下的土压力分布由不考虑开挖面以下自重土压力的矩形分布调整为考虑土自重作用随深度线性增长的三角形分布,同时开挖侧土反力计入初始分布土反力[1]。本工程基坑开挖面以下细砂层黏聚力等于 0、淤泥层的黏聚力仅为 10.5kPa,挡土侧三角形分布的土压力与开挖侧初始土反力的差值接近 99 年版基坑规程开挖面以下的土压力矩形分布的数值。为简化模型,SAP2000 模型中后排桩水平荷载分布仍采用开挖面以下的土压力矩形分布,即和理正基坑模型水平荷载保持一致(下文称简化水平荷载),作用在前排桩上的土反力不计入初始分布土反力,直接采用前面 3.1 节中桩侧水平弹簧系数。图 2(b)右侧荷载分布为勘探孔 ZK30 参照上面规定计算的后排桩水平荷载简图。

单排桩水平反力系数采用"常数法",基于文克勒弹性地基梁假定,基坑开挖面以下如果是单一土层时,排桩的水平变形和水平荷载成正比,矩形分布的水平荷载只产生水平变形增量,而不会改变桩身的内力。这与相同条件下双排桩支护结构的内力和变形不同——双排桩支护结构通过桩间土传递前、后排桩的土水平反力和水平荷载,软土地区由于桩间土压缩模量小,计算的结果夸大了后排桩所承担的荷载,而后排桩通过桩间土向前排桩传递的荷载可能被低估,实际上支护结构在基坑开挖面以下承担的土压力是前排桩土水平反力和后排桩水平荷载之和,只是我们人为将其区分开来。因此,为了解双排桩支护结构开挖面以下水平荷载的这种影响,文中考虑基坑开挖面以下水平荷载为 0 这种情况(即图 1(b)中基坑开挖面以下虚线部分水平荷载等于 0),与简化水平荷载模型计算结果进行比较,以期了解在 SAP2000 模型中哪一种水平荷载分布模式更符合软土地区双排桩支护结构的内力和变形特点。

4 计算结果分析

根据上面的分析,SAP2000 模型中前排桩水平反力和前、后排桩桩间土刚度的模拟参照 3.1、3.2 节说明设置,其余参数和边界条件分三种情况进行计算:模型 A,双排桩桩底采用竖向弹簧支座,释放桩底水平约束,作用在后排桩的水平荷载按简化水平荷载;模型 B,双排桩桩底采用竖向弹簧支座,释放桩底水平约束,作用在后排桩的水平荷载在基坑开挖面以上同模型 A,基坑开挖面以下为 0;模型 C,除了双排桩桩底采用滑动铰支座外,其余同模型 B。作为对比,本文图 5(d)给出理正基坑软件计算的双排桩支护结构的弯矩和变形结果。

图 5 为 SAP2000 模型 A、B、C 和理正基坑模型的计算结果,其中 SAP2000 模型 A、B、C 水平位移最大点发生在支护结构顶点,分别为 39.43mm、49.23mm、26.51mm,均大于理正基坑模型对应点的水平位移 22.05mm,理正基坑模型前排桩在上段前鼓,水平位移最大点在前排桩桩顶以下 5.98m 处,对应水平位移为 33.36mm。SAP2000 模型 A 后排桩水平荷载与理正基坑模型前、后排桩总的水平荷载相同,但前、后排桩的弯矩分布、变形曲线与理正基坑模型的结果差别较大,特别是前排桩和桩顶连系梁节点两侧,弯矩出现反号。以上计算结果的不同应该是与 SAP2000 模型 A 和理正基坑模型在水平反力分布

形式以及前、后排桩间水平荷载分配、变形协调处理的不同有关，也与 SAP2000 模型 A 中排桩桩底采用考虑地基土竖向刚度的滑动支座有关。由于 SAP2000 模型 A 排桩释放桩底的水平约束，整个支护结构在水平荷载作用下有整体平移的趋势，同时排桩轴力引起桩底的竖向变形，因此 SAP2000 模型 A 水平变形整体上略大于理正基坑模型。

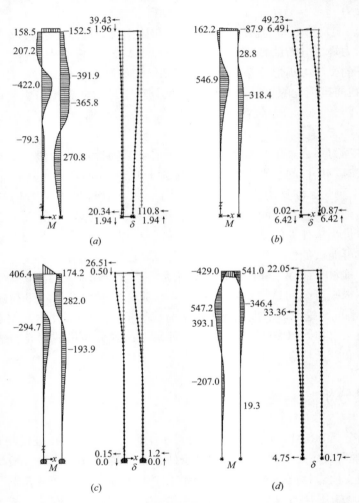

图 5　SAP2000 模型 A、B、C 和理正基坑模型计算结果（弯矩图/kN·m、位移/mm）
(a) SAP2000 模型 A；(b) SAP2000 模型 B；(c) SAP2000 模型 C；(d) 理正基坑模型

SAP2000 模型 A、B、C 中，前、后排桩间弹簧力（系杆轴力）是支护结构的内力，支护结构所受的土压力实际是作用在前排桩土水平反力和后排桩水平荷载的合力，开挖面以下后排桩水平荷载是人为附加的，并不是支护结构在该位置受到的实际土压力。现在以排桩桩顶以下 10m 处支护结构受力为例说明这种情况，模型 A 前排桩的水平变形 $\delta_{h,A}=$ 14.68mm（←），前排桩该点受到土反力为 $K_{4,u}\cdot\delta_{h,A}/b_0=88.1$kPa（→），后排桩的水平荷载 $p_{ak}=81.0$kPa（←），两者合力 7.1kPa（→）为支护结构在该位置实际上受到的净土压力；模型 B 在该位置只有前排桩受到的土反力，前排桩对应点水平变形 $\delta_{h,B}=0.23$mm（←），土压力等于 $K_{4,u}\cdot\delta_{h,B}/b_0=1.4$kPa（→）；同理，模型 C 前排桩对应点水平变形 $\delta_{h,C}=$

1.18mm（←）、土压力等于 $K_{4,u} \cdot \delta_{h,c}/b_0 = 7.1$ kPa（→），可以看到在桩顶以下 10m，模型 C 受到的土压力介于模型 A、B 之间，而模型 A、C 数值上几乎相等。现按上面方法计算模型 A、C 排桩顶以下 15m、20m 处支护结构受到的土压力，模型 A、C 排桩桩顶以下 15m 处的土压力分别为 13.8kPa（→）、3.3kPa（→），20m 处的土压力分别为 2.8kPa（→）、1.9kPa（→），与图 2（b）中基坑开挖面以下水平荷载相比，模型 A、C 所受的土压力可认为比较接近。

和第 3.4 节中说明的情况一样，SAP2000 模型 A 由于基坑开挖面以下仍有矩形分布的水平荷载，后排桩下段较模型 B、C 明显向基坑内移，通过排桩顶连系梁和桩间土的协调直接影响了前排桩的弯矩和变形，模型 A 的前排桩桩底节点向基坑内移 20.34mm，大约为支护结构顶点水平变形的 52%，而模型 B、C 对应节点仅内移 0.02mm、0.15mm，相对于支护结构顶点变形来说可以忽略不计。对比前面 3.3 节提到已经完成的双排桩基坑工程前排桩测斜结果（图 6），前排桩桩底水平变形非常小，这和模型 B、C 的结果基本一致，而且模型 B、C 前、后排桩的弯矩较模型 A 均匀，更符合平面刚架前、后竖向构件内力接近的特点，考虑到软土地区基坑的特点和地基土的不确定性，可以认为模型 B、C 的结果比模型 A 更具适应性。另外，图 6 中前排桩的上段略为前鼓，但小于支护结构顶点的水平位移，从这点上讲，模型 C 前排桩的变形曲线比模型 A、B 更为接近实测的变形曲线。

图 5（b）、（c）中，SAP2000 模型 B、C 排桩的弯矩和变形分布接近，模型 B 与模型 A 一样，由于排桩桩底竖向弹簧的存在，支护结构有整体转动的趋势，前、后排桩分别有一定的下沉、上抬位移量，使得前排桩桩顶、连系梁弯矩与模型 C 相比出现卸荷，后排桩、连系梁弯矩甚至出现反号，弯矩明显向中下段转移，这和刚架在侧向荷载作用下因支座不均匀沉降引起的弯矩调整接近。模型 B 为刚架模型，前、后排桩压、拉轴力数值相等，桩顶下沉、上抬量均为 6.5mm，位移差达 13mm，这是没有考虑排桩侧摩阻力引起的。以模型 C 为例，排桩的轴力为 252.4kN，仅考虑基坑开挖面以下桩段的侧摩阻力已达 370.7kN，桩端反力实际上接近 0，桩端地基土竖向变形应可忽略不计，桩顶竖向变形主要是桩身的竖向变形引起，这和前面 3.3 节监测结果中压顶板下沉量的实测值相符。基于前面提到的原因，同时排桩桩间有 2 排 ϕ600 水泥搅拌桩的存在，支护结构地基竖向刚度接近于整体连续墙，因此排桩桩底竖向变形差应该远小于模型 B 的计算值。从模型的受力分析可以知道，当模型 B、C 排桩的竖向变形差减少时，模型 B 的弯矩和变形将接近于模型 C，而从上文对比也可看出，模型 C 前排桩的变形曲线比模型 B 更为接近图 6 中实测变形曲线。

综合考虑上述 4 个模型的分析和比较，结合之前工程经验，本工程选择 SAP2000 模型 C 作为设计依据，对照基坑开挖侧被动土压力对模型 C 基坑底浅层土反力计算结果进行复核，基坑底仅有的 1m 细砂层的土反力为 129.3kPa，其下 1m 淤泥层土反力为 39.7kPa。根据土层抗剪指标计算的细砂层被动土压力为 119.1kPa，略小于土反力；其下 1m 淤泥层被动土压力为 98.2kPa，能够满足要求。为避免夸大细砂薄层的作用，将其水平弹簧系数从开挖面至层底调整为 0～28.4×10³kN/m，即土的水平反力系数近似按 "K" 法取值，计算结果详见图 7。调整计算后，支护结构的弯矩和变形较修正前略有变化，细砂层土反力为 89.8kPa，小于对应的被动土压力。最终，排桩、桩顶连系梁截面设计以水平弹簧系数修正后的 SAP2000 模型 C 为主,并参考 SAP2000 模型 B 的结果适当调整,作为支护结构截面设计的依据。

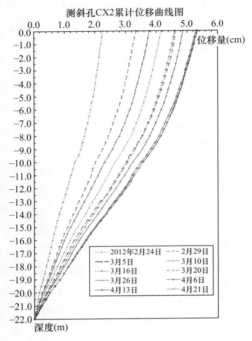

图 6 某双排桩基坑工程前排桩测斜孔曲线   图 7 模型 C 水平弹簧系数修正结果
                                    (弯矩单位:kN·m;位移单位:mm)

本基坑现已完成,根据基坑变形观测结果,基坑北侧 J-J 剖面在整个开挖过程中基坑顶点变形最大值为 16mm,在底板垫层完成后变形基本稳定,均小于上面各个模型的计算结果,这主要是因为施工单位能够严格按照设计要求,结合底板施工缝设置,沿基坑边约 24m 作为一个施工单元分段开挖浇筑承台与底板,相邻未施工区域留置土坡反压,这一措施有效减少了软土地区基坑的变形量;同时,该侧基坑顶以外仅建有一排单层的轻钢板房,荷载远未达到设计 20kN/m² 的堆载限值。由于本基坑施工过程没有按要求对排桩测斜或桩身钢筋应力进行监测,所以无法与 SAP2000 模型 C 的计算结果做进一步比较,这有待通过以后类似工程进行系统比较,以期得到一些有用的数据。

5 结语

本文根据软土地区的岩土特点,对现行基坑规程中双排桩支护模型前排桩土水平反力(弹簧)系数、桩间土水平刚度系数、后排桩水平荷载分布以及排桩桩底支座等参数和边界条件进行讨论,最后确定采用 SAP2000 模型 C 计算软土地区双排桩支护结构的内力和变形,前排桩土反力系数宜采用"K"法,计算的结果符合平面刚架的受力特点,从工程应用上也具有一定的适应性,但应注意以下问题:

(1) SAP2000 模型 C 中,基坑开挖面以下后排桩水平荷载为 0 的位置取在基坑开挖面是否合适。同时,应该明确的是 SAP2000 模型 C 中后排桩水平荷载分布仅用于支护结构内力和变形的计算，基坑整体稳定、抗滑移验算是极限平衡的概念，后排桩水平荷载分布仍应按现行基坑规程的要求。

（2）排桩桩身轴力大于基坑开挖面以下排桩侧摩阻力时，应考虑前、后排桩的竖向变形差，这时可以参照 SAP2000 模型 B，桩底地基土竖向弹簧刚度应根据扣除桩侧摩阻力前、后桩底的反力关系进行修正，避免因忽略桩侧摩阻力而夸大了前、后排桩的竖向变形差。

（3）根据本基坑工程 SAP2000 模型 C 计算结果，模拟前、后排桩桩间土的系杆在排桩下段 40％范围内出现了数值小于 1.0kN 的拉力，如按 3.2 节的说明，应该取消出现拉力的系杆后重新计算。考虑到出现的拉力数值极小，是由后排桩向基坑外变形引起的，而模型中后排桩没有考虑土的水平反力（弹簧）系数，造成取消出现拉力系杆的后排桩水平向失去约束，这与后排桩的实际受力状态是矛盾的。从现有计算结果看，应该可以保留这些系杆模拟后排桩的水平约束。

对于以上问题，除了在理论分析基础上采用岩土有限元软件分析进行对比以外，也可针对类似基坑工程监测结果，通过总结支护结构顶水平、竖向变形，结合前、后排桩的桩身变形曲线（测斜）、桩身弯矩分布规律，与上面各个模型计算结果进行对比，以确定软土地区双排桩支护结构合理的计算模型，使双排桩支护结构设计与构造符合其实际的受力和变形特点。

参考文献：

［1］ JGJ 120—2012 建筑基坑支护技术规程［S］. 北京：中国建筑工业出版社，2012.

［2］ DG/TJ 08—61—2010 基坑工程技术规范［S］. 上海：上海市建筑建材业市场管理总站，2010.

［3］ JGJ 94—2008 建筑桩基技术规范［S］. 北京：中国建筑工业出版社，2008.

［4］ 刘建航，侯学渊. 基坑工程手册［M］. 北京：中国建筑工业出版社，1999.

［5］ 理正深基坑支护结构设计软件（FSPW6.0）使用说明、编制原理［M］. 北京理正软件设计研究院有限公司，2009.

双排桩结构在失稳基坑中的补强作用

林鹏[1]，李少廷[2]

（1 汕头大学土木工程系，广东 汕头 515063；2 广东省第二建筑工程公司，广东 汕头 515041）

[摘要]：软土地基深基坑工程由于墙后土压力太大，设计不当，造成单排桩挡土结构失稳破坏。采用双排桩结构作为补强措施，分析和比较了这两种结构的不同荷载分担模式和力学性状，提出合理建议。

[关键词]：基坑；双排桩；稳定性

1 工程介绍

汕头市金环大厦原设计为 28 层的写字楼，总建筑面积 40280m²，框筒结构，3 层地下室，基坑开挖深度 11.50m，局部挖深 13.0m，地处金砂东路与金环路交叉转角，位于商业繁华地带。基坑东北两侧临街，西南两侧紧挨三座 8 层建筑物，距离不足 4.0m。1995年 6 月 13 日 4 时 35 分，正在开挖施工的基坑，西南角上部斜支撑突然发生压碎折断破坏，导致基坑西侧南段 20 多根支护钻孔桩严重倾斜折断，30 多米长的基坑倒塌，南侧西段基坑支护桩向坑内位移，压顶板严重开裂。险情危及相邻三座住宅楼的安全，西侧的公交宿舍楼基础外露，部分灌注桩弯曲，三根断裂，上部结构沉降、倾斜严重。事故发生后，立刻进行回填土加固，经过三天三夜的奋战，险情终于得到控制，但这次基坑倒塌事故，造成严重的经济损失、工期延误，以及不良的社会影响，是汕头多年来最严重的工程事故之一。险情排除后，对基坑支护进行重新设计，利用原来未倒塌的支护桩，采用双排桩结构作为补强措施，重新挖土及地下室施工，加固后的支护结构完好无损。

2 场地地质条件及原支护结构概况

2.1 场地地质条件

汕头市区地质情况属于滨海相及三角洲相沉积层，场地支护桩范围内土层自上而下为：①杂填土层，厚 1.0m～3.0m，以建筑垃圾为主，稍湿至饱和，松软；②淤泥质细砂层，厚 2.2m～5.1m，以石英细砂为主，约含 20%～30%淤泥，松至稍密，标贯击数 $N=$ 5～15 击；③淤泥层，厚 10.2m～14.2m，饱和、流塑态，以淤泥为主，含较多腐殖物和粉砂，含水量 $w=56.5\%$，$c=12.0$kPa，$\varphi=3.5°$，标贯击数 $N=2.5$ 击；④含黏粒粗砂层，厚 2.7m～7.6m，以石英粗砂为主，含 20%～30%黏粒，稍密至中密，标贯击数 $N=15～32$ 击；⑤灰色黏土层，厚 3.3m～4.2m，深灰色，饱和，可塑态，标贯击数 $N=15$ 击。

从地质土层分布情况可以看到，基坑开挖面以上土层均为淤泥软土，含水量高，流动性大，抗剪强度低，对支护结构所产生的侧向土压力是非常大的。

2.2 原支护结构

原基坑支护结构布置如图1所示，采用一排钻孔灌注桩为挡土桩，两排深层搅拌桩为止水帷幕，桩顶加一压顶板，基坑四角各设一钢筋混凝土水平斜撑梁的支护结构。挡土桩长24.85m，桩径1.0m，桩中心距1.5m。按照土层分布情况，作用在支护结构上的土压力如图2所示，将支护结构当成平面问题，用等值梁法[3]计算其内力，可得桩顶支撑反力 $R=560kN/m$，桩身最大弯矩为 $M=3739kN \cdot m$，当桩顶斜支撑破坏折断，支护结构成为悬臂结构，则桩身最大弯矩为 $M=12400kN \cdot m$。从支护结构的尺寸及配筋情况看，原来的设计没办法承受这么大的土压力，桩身承载力无法满足要求，且西北角斜撑因位于运土坡道处，未能施工，支护体系不完整，导致支护结构失稳破坏。

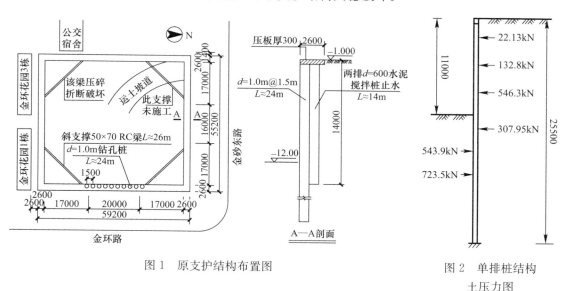

图 1　原支护结构布置图　　　　　　　图 2　单排桩结构土压力图

3 补强措施

3.1 双排桩补强结构

基坑破坏后，在坑内回填大量土进行抢险，但这只是临时性措施，当基坑要再次开挖时，需对支护结构进行重新补强设计。针对失稳破坏的特点及原因，并考虑利用原来未破坏的结构，决定采用双排桩结构进行局部补强。利用原结构挡土桩为前排桩，加打后排桩桩径1.0m，前后排桩桩中心距2.15m，桩长25.5m，原断桩破坏位置，加打一排桩径1.2m为前排桩。双排桩结构桩顶设置一刚性压顶板，厚度700mm，双排桩支护结构剖面如图3所示。

3.2 双排桩支护结构计算模型

双排桩支护结构是一种受力合理的支护结构形式，由两排平行的钢筋混凝土桩以及桩

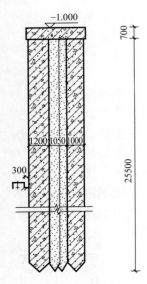

图 3 双排桩支护
结构剖面图

顶的刚性压顶板组成，其结构形式犹如嵌入土中的门式框架，利用前后排桩对土压力的分担，使得结构的受力条件更为合理。

目前国内外对于双排桩结构的计算理论还没有详尽的报道，但这种结构计算的关键在于前后排桩对于侧向土压力的分担作用，这种分担作用与前后排桩的桩距有很大关系[1][4]。但我们认为基于极限平衡原理[2]，考虑桩间土压力分布的做法仍不失为一种合理、可靠的思路，其计算模型如图 4 所示。由于后排桩的影响，前排桩后面的三角形楔体的剪切破坏面有所不同，破坏角 θ 将不再是定值 $45°+\varphi/2$，而是一个变量，与结构的深宽比 $\xi=z/b$ 有关，z 为开挖深度，b 为前后排桩距离，引入后排桩影响系数 i_e：

$$i_e = \frac{\sigma}{\sigma_{朗}} \tag{1}$$

式中，σ 为考虑后排桩影响的主动土压力强度；$\sigma_{朗}$ 为不考虑后排桩影响的朗金主动土压力强度。

i_e 与深宽比 ξ 的关系近似于双曲线形状，其双曲线函数表达式为：

$$i_e = 1 - \frac{\xi - \xi_c}{a + c(\xi - \xi_c)} \tag{2}$$

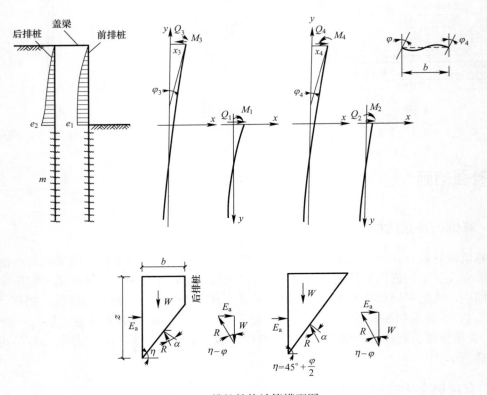

图 4 双排桩结构计算模型图

式中，a、c 为回归系数，由内摩擦角 φ 得到；$\xi_c = \tan(45° + \varphi/2)$。

这样，前后排桩间主动土压力强度计算公式：

$$\sigma_a = \begin{cases} \gamma b \tan^2(45° - \varphi/2) & \xi \leqslant \xi_c \\ \gamma b \tan^2(45° - \varphi/2) \cdot i_e & \xi > \xi_c \end{cases} \quad (3)$$

被动土压力强度的计算公式也是这样。双排桩结构内力的计算以刚架结构形式用结构力学公式计算。

3.3 计算结果

在这个工程中我们以上述的简化方法进行设计。经过计算，双排桩结构的土压力如图 5 所示，前后排桩的内力分析如表 1 所示。

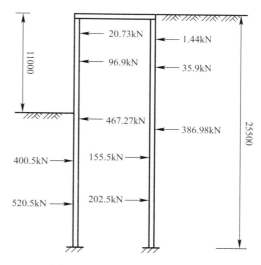

图 5 双排桩结构土压力图

从土压力图和内力弯矩表上可以看到，选择合适的间距，前后排桩的土压力分配合理，分担作用明显，比单排桩所承受的土压力小了很多。基坑开挖面上前后排桩的正弯矩均匀合理，最大正弯矩约 1000kN·m 左右，与单排桩的 3739kN·m 相比，有了很大的改善。开挖过程中最大的水平变形只有 23mm，显示了很强的调节变形能力。

前、后排桩弯矩 表 1

桩身位置 z(m)	前排桩弯矩 M(kN·m)	后排桩弯矩 M(kN·m)
3.0	884.0	916.0
6.0	754.89	655.41
9.0	577.8	374.0
11.0	467.08	175.65
13.0	148.04	−173.36
15.0	−980.0	−992.12

4 结论

通过本工程可以看出，双排桩结构在软土基坑工程中作为支护结构是十分有效的，主要体现在前后排桩的土压力分担、桩身内力的分配上，效果非常显著，调节抵抗变形的能力也很强。在本工程中所起的补强作用，设计上仍有很大的富余。作为支护结构，虽然桩数比单排桩结构有所增多，但如果从配筋量、桩的入土深度进行优化，仍有很强的竞争能力，特别是其超强的抵抗变形能力，是任何带支撑的单排桩结构所不能比拟的。软土地区中挖深 10m 左右的基坑，双排桩结构是一种值得推荐的支护结构。目前双排桩结构的计算理论虽不很成熟，但以极限平衡理论确定桩间土体破坏面，从而确定土压力分布的计算模型仍能满足工程上的要求。

参考文献：

[1] 何颐华，杨斌. 双排护坡桩试验与计算的研究 ［J］. 建筑结构学报，1996，117（2）：58-66.

[2] 黄强. 深基坑支护工程设计技术 ［M］. 北京：中国建筑工业出版社，1995.

[3] 刘建航，侯学渊. 基坑工程学 ［M］. 北京：中国建筑工业出版社，1999.

[4] 余志成，施文华. 深基坑支护设计与施工 ［M］. 北京：中国建筑工业出版社，1997.

被动区加固技术在软土基坑开挖中的应用研究

林鹏，李志翔

（汕头大学土木工程系，广东　汕头 515063）

[摘要]：本文就被动区加固技术在软土基坑开挖中的应用作了研究，介绍考虑被动区加固的水泥土挡墙水平位移的几种计算方法，对其中的刚性桩法作了修正；按加固布置形式和加固比 I_r 的不同，将被动区加固的作用应用于挡墙水平位移的计算中，并运用这些成果对两个工程实例进行计算分析。

[关键词]：基坑开挖；被动区加固；强度；水平位移；刚性桩法

1　前言

在软土地区的基坑工程中，为了使支护结构安全经济，较为有效的措施是在开挖侧对被动区土体进行加固。被动区加固可减少支护结构的水平位移，方便地下室施工，减少基坑开挖对周边环境的影响。这从本文介绍的两个工程实例可得到很好的说明，在一些理论研究中也得到验证。蔡伟铭通过理论分析证明了加固被动区土体比加固支护结构后的主动区土体更为有效[1]；王欣等用有限元法对被动区不同加固形式的效果进行分析[2]；Chang-Yu Ou 等用有限元法对被动区复合土体的强度问题进行分析[4]，得到一些建设性的结论。但目前在工程设计中如何考虑被动区加固的作用，如何考虑其对挡墙水平位移影响的计算方法还很不明确，带有很大的随意性。

本文针对重力式水泥土挡墙采用被动区加固这一支护形式，对水泥土挡墙的水平位移计算公式进行修正，按加固布置形式和加固比 I_r 的不同，将被动区加固的作用应用于挡土墙的水平位移计算中，最后运用这些成果对汕头市汽车客运中心站综合楼基坑和汕头市游泳跳水馆基坑的挡墙水平位移进行计算分析，所得结果对工程设计、施工有一定指导作用。

2　加固理论

2.1　布置形式

对大面积的基坑，常采用坑底四周加固的方法。有三种加固布置形式：块状加固（Block Type）、柱状加固（Column Type）和壁状加固（Wall Type），如图 1、图 2 所示。

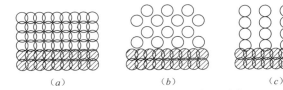

图 1　坑底加固平面布置形式

（a）块状加固；（b）柱状加固；（c）壁状加固

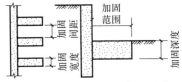

图 2　坑底加固剖面布置形式

对于悬臂式的水泥土挡土墙，加固深度宜取为开挖深度的1/2或挡墙入土深度的1/3。一般加固深度为3m～4m就可取得较好的效果。增大被动区加固范围能明显减小挡墙的水平位移，而且在相同费用下进行被动区加固，增大加固范围比增加加固深度所取得的效果更佳。

2.2　加固后被动区土体强度的计算

根据 Chang-Yu Ou 等人[4]所提出的方法，把被动区加固范围内，加固部分土和未加固部分土等效为单一的复合土体。而复合土体的所有材料特性参数都可按以下公式计算：

$$P_{eq} = P_g \cdot I_r^n + P_c \cdot (1 - I_r^n)$$

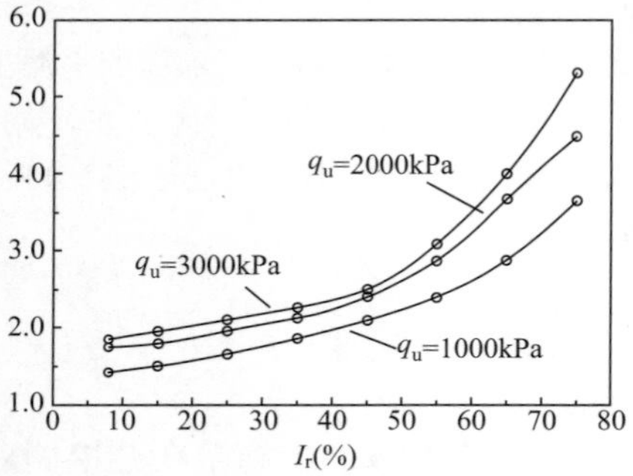

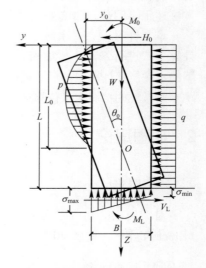

图3　$q_u - n - I_r$ 关系曲线

式中，P_{eq}为复合土体的等值土体参数，如弹性模量 E_{ui}，不排水抗剪强度 S_u，泊松比 ν 等；P_g 为加固土体的相应参数；P_c 为未加固土体的相应参数；I_r 为加固比，I_r＝加固面积/加固区总面积；n 为等值参数指数，按图3所示的 $q_u - n - I_r$ 关系曲线查取。

3　水泥土挡墙水平位移的计算方法

简化计算的方法[3]可大致分为三类：（1）将挡墙视为弹性长桩的"m"法；（2）将挡墙视为刚性桩的"刚性桩"法；（3）经验公式法。

本文在蔡伟铭[1]关于重力式挡土墙水平位移计算公式的基础上，针对刚性桩法作了修正和推导：刚性挡土墙坑底入土深度为 L，墙体在侧向土、水压力作用下，以某一点 O 为中心作刚体转动，O 点距坑底距离为 L_0，则开挖侧被动区压力的计算范围为 $0\sim L_0$，而 L_0 以下的被动土压力发生在主动区一侧，与主动土压力重叠，忽略不计。计算时，沿开挖面将墙体截开，取开挖面以下墙体为计算对象，并将坑底以上荷载等效为作用于开挖面上的一个剪力 H_0 和弯矩 M_0，下部墙身受力及位移情况如图4所示。

墙体在侧向土、水压力作用下，以某一点 O 为中心作刚体转动。若转角为 θ_0，坑底面处墙体水平位移为 y_0，则 O 点以上墙身任一点的水平位移为：$y = y_0 - \theta_0 \cdot z$。

图4　下部墙身受力及位移图

由弹性地基理论和上式可得墙侧土的水平抗力为：

$$p = k(z) \cdot y = m \cdot z \cdot y = m \cdot z \cdot (y_0 - \theta_0 \cdot z) = m \cdot (y_0 \cdot z - \theta_0 \cdot z^2) \qquad (1)$$

对于墙底截面，分别根据水平剪力平衡和弯矩平衡条件，可得：

$$\sum Y = 0, A \cdot \int_0^{L_0} p \cdot dz = H_0 + A \cdot q \cdot L - V_L \qquad (2)$$

$$\sum M = 0, A \cdot \int_0^{L_0} p \cdot (L-z) \cdot \mathrm{d}z + M_L = M_0 + H_0 \cdot L + A \cdot q \cdot L \cdot \frac{L}{2} \qquad (3)$$

由式（1）、（2）、（3），并结合式 $L_0 = \frac{y_0}{\theta_0}$、$M_L = mLI_B\theta_0$ 和 $V_L = A \cdot B \cdot c_u$ 可得：

$$y_0 = \left[\frac{1}{2} \cdot (H_0 + q \cdot L - V_L) \cdot L_0 - \frac{1}{2} \cdot q \cdot L^2 + V_L \cdot L + M_0 \right] \cdot \frac{L_0}{m \cdot L \cdot I_B} \qquad (4)$$

$$L_0^4 + \frac{2 \cdot \left(V_L \cdot L + M_0 - \frac{1}{2} \cdot q \cdot L^2 \right)}{H_0 + q \cdot L - V_L} L_0^3 - 12 \cdot L \cdot I_B = 0 \qquad (5)$$

式中，y_0 为坑底处墙体水平位移；L 为挡墙插入深度；L_0 为转动中心 O 点到坑底的距离，$L_0 = \frac{y_0}{\theta_0}$；$A$ 为沿墙身纵向计算长度，可取 $A=1$；m 为地基土水平抗力系数的比例系数；q 为基坑底以下主动侧土、水压力；I_B 为墙截面惯性矩，$I_B = \frac{AB^3}{12}$；M_L 为地基土的抵抗力矩；V_L 为墙底与土之间的摩阻力，$V_L = A \cdot B \cdot c_u$；$B$ 为墙身宽度；c_u 为土的不排水抗剪强度。

由式（5）代入其他参数后，用试算法可求得 L_0 的近似解，将 L_0 代入式（4）可得 y_0，再由 $L_0 = \frac{y_0}{\theta_0}$ 求得 θ_0，这样，墙顶位移为 $y = y_0 + \theta_0 H$。

4 被动区加固在挡墙水平位移计算中的考虑

被动区不同的加固形式对挡墙水平位移的影响是不同的。考虑到这一差异，本文按加固布置形式和加固比 I_r 的不同，将加固后的水泥土挡墙位移计算分为两类：

A 类型：对于柱状和 I_r 较小的壁状加固布置形式，按常规做法，采用提高被动区土体的强度值来考虑加固的作用，然后用上面所推得的刚性桩法计算，计算简图如图 5 所示；

B 类型：对于块状和 I_r 较大的壁状加固布置形式，将加固区和挡墙视为整体，同样用刚性桩法计算水泥土挡墙的水平位移，加固区土体以外的强度值仍按未加固土体取值。为考虑被动区加固作用，将挡墙宽度考虑成 $b+B$，b 为加固区宽度，当加固深度未达墙底时，仍将加固深度视为与墙底深度一样，在上面推导的公式中加入由坑底以上部分挡墙自重产生的弯矩 M，计算简图如图 6 所示。

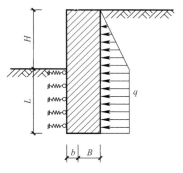 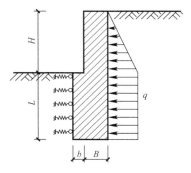

图 5　A 类型计算简图　　　　　图 6　B 类型计算简图

$$M = W \cdot e = \gamma_{水泥土} \cdot B \cdot H \cdot \frac{b}{2} \tag{6}$$

式中，B 为挡墙宽度；H 为基坑挖深；b 为加固区宽度。

即公式（4）、（5）可改写为：

$$y_0 = \left[\frac{1}{2} \cdot (H_0 + q \cdot L - V_L) \cdot L_0 - \frac{1}{2} \cdot q \cdot L^2 + V_L \cdot L + M_0 - M \right] \cdot \frac{L_0}{m \cdot L \cdot I_B} \tag{7}$$

$$L_0^4 + \frac{2 \cdot \left(V_L \cdot L + M_0 - \frac{1}{2} \cdot q \cdot L^2 - M \right)}{H_0 + q \cdot L - V_L} L_0^3 - 12 \cdot L \cdot I_B = 0 \tag{8}$$

5 算例分析

以下分析的两个工程均为笔者设计的实际工程，从现场施工观测的水平位移分析可以看出，被动区加固能极大地控制水平位移，减少对基坑周边环境的影响。

5.1 算例一：汕头市汽车客运中心站综合楼基坑

汕头市汽车客运中心站综合楼基坑位于汕头市火车站北侧，该基坑场地为典型三角洲相和滨海相沉积土。基坑支护采用重力式水泥搅拌桩挡墙，东、西、北三面采用局部放坡开挖加支护方案，而南面由于有建筑物，采用全深度支护并进行被动区加固的方案，平面布置如图 7 所示。

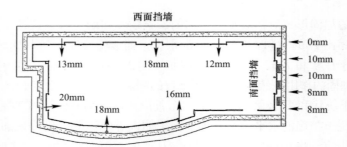

汕头市公路主枢纽中心客运站综合大楼基坑实测位移图

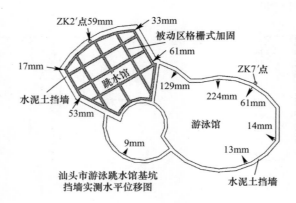

汕头市游泳跳水馆基坑
挡墙实测水平位移图

图 7　基坑平面布置和实测位移

对于西面挡墙，按图 5 的计算简图，用刚性桩法计算挡墙水平位移；对于南面挡墙，由于进行了被动区加固，加固比 I_r 较大（45.78%），且为较密的壁状加固，故可将加固区和挡墙视为整体，原加固范围为 2m，加固深度 6.5m。考虑是壁状加固，故进行适当折减，取加固区部分宽度为 1.5m，按图 6 的计算简图计算，淤泥软土的 $m=3000kN/m^4$，结果如表 1 所示。

5.2 算例二：汕头市游泳跳水馆基坑

汕头市游泳跳水馆位于汕头市南区南滨路中段，该场区原为海边滩涂地，地貌上属丘陵和山前第四纪滨海低地类型，淤泥土层极软，含水量高，承载力低，属于高流塑性、高压缩性的软土。

选用重力式深层搅拌桩挡土结构为主，以坑底被动区深层搅拌桩加固土体为辅的基坑支护方案。跳水馆基坑挖深为 4.25m，采用八排深层搅拌桩构成 4.2m 宽重力挡土墙，被动区采用隔栅式加固，加固深度 7.0m；游泳馆基坑挖深为 3.25m，采用六排深层搅拌桩构成 3.2m 宽重力挡土墙，因其挖深较小且土质较好于跳水馆，故不进行被动区加固。平面布置如图 7 所示。淤泥软土的 $m=2000kN/m^4$。采用上述方法进行计算，结果如表 1 所示。

计算结果与现场实测值比较　表 1

计算截面		墙顶位移（mm）		
		计算值	实测值	误差
		Y	Y'	$|Y-Y'|$
汕头市汽车客运中心站综合楼基坑	西面挡墙（未加固）	26.3	18	8.3
	南面挡墙（加固过）	8.5	10	1.5
汕头市游泳跳水馆基坑	ZK7′（未加固）	81.2	61	20.2
	ZK2′（加固过）	43.3	59	15.7

5.3 结果分析

由图 7 及表 1 可以看到，对于汕头市汽车客运中心站综合楼基坑，加固后的南面挡墙位移比未加固的、坑边卸去 1.5m 土的西面挡墙位移明显减少，南面挡墙位移计算值与实测值相差不大。对于汕头市游泳跳水馆基坑，跳水馆由于有被动区加固，即使挖土较深，土质较软，其水平位移与游泳馆相比，也比较小，比较均匀。各点的计算值与实测值相差不大，可见文中所提的计算方法具有一定的预测作用。

6　结论

（1）在软土地区的基坑工程中，加固坑内被动区土体是一种相当有效的技术措施，它可明显提高坑底土的力学性质指标，减小支护结构的水平位移和挡墙的入土深度，降低工程造价，便于地下室施工。

（2）在考虑了被动区加固的挡墙水平位移计算方法中，一般做法是将被动区土体的强度值加以提高，这种做法未考虑不同加固形式、加固深度、加固范围之间的差别，较为笼统。本文所提的按加固布置形式和加固比 I_r 的不同，将加固后的水泥土挡墙位移计算分为两类的做法更符合实际情况，取得满意结果，对工程设计和施工有一定的指导作用。

参考文献：

[1] 蔡伟铭. 水泥土挡土结构的水平位移计算 [A] // 软土地基理论与实践 [C]. 北京：中国建筑工业出版社，1992：132-136.

[2] 王欣，谢康和，张冬霁. 关于挡土结构被动区加固性状的若干研究 [J]. 地基处理，1999，10 (1)：16-21.

[3] 龚晓南. 深基坑工程设计施工手册 [M]. 北京：中国建筑工业出版社，1998.

[4] Chang-Yu Ou，etc.，Analysis of Deep Excavation with Column Type of Ground Improvement in Soft Clay [J]. Journal of Geotechnical Engineering，1996，122 (9)，709-716.

第三篇　支护设计与工程案例

水泥搅拌桩与钻孔灌注桩组合支护
结构在潮汕地区基坑工程中的应用

黄上进[1]，邓南[2]

（1 汕头市升平建筑设计院有限公司，广东 汕头 515021；

2 广东新长安建筑设计院有限公司，广东 汕头 515041）

[摘要]：以潮汕地区几个深基坑支护设计为例，介绍了格构式水泥搅拌桩与钻孔灌注桩组合式支护结构在软土地基开挖深度为7m～8m范围的基坑工程的应用，探讨了潮汕地区二层地下室基坑支护设计的新方法，对量大面广的二层地下室支护结构的工程有一定的参考价值。

[关键词]：水泥搅拌桩；钻孔灌注桩；组合支护结构；水平位移

1 前言

潮汕地区属粤东平原，地貌单元属韩江、练江、榕江三角洲冲积平原，工程地质构造较复杂，大部分地层为海陆交互相沉积层，主要由人工填土，淤泥，淤泥质土，黏土，粉细砂，中、粗砂互层组成，其特点是含水量高，孔隙比大，抗剪强度低。这对基坑工程的设计与施工，尤其对于面广量大的二层地下室而言，带来了很大的挑战。二层地下室开挖深度一般大于7m，目前采用的基坑工程支护结构形式主要有两种：一是内支撑支护方案，造价高，施工周期长，在基坑变形可控及周边环境对基坑变形不敏感的条件下，一般尽量不采用该种支护形式；二是双排桩支护方案，由两排平行的钻孔灌注桩及桩顶连梁及压顶板组成，前后排桩之间加二排或三排止水的深层水泥搅拌桩。与内支撑支护方案相比，双排桩支护方案可节约资金，缩短工期，是目前潮汕地区二层地下室开挖所采用的主要支护形式。但时有发生支护结构水平位移偏大、止水帷幕漏水、坑外地坪下沉较大等问题。

为了克服上述两种支护方案的缺陷，笔者在近几年地下室支护结构设计与实践中，对于二层地下室的开挖，采用水泥搅拌桩与钻孔灌注桩组合支护形式，效果良好。

2 组合式支护结构的关键设计参数确定

对于水泥搅拌桩与钻孔灌注桩形成的组合式支护结构，双排桩的排距、桩距以及水泥搅拌桩的宽度等是非常关键的设计参数。本文以潮州市汇贤居基坑工程为例，采用FLAC-3D有限差分软件建立了数值模型，模拟了基坑开挖过程，以期分析基坑的变形性状。模型中设置了水泥搅拌桩和双排钻孔灌注桩，土体采用摩尔—库仑弹塑性模型，相关参数见表1。

各土层物理力学参数 表1

编号	名称	厚度 h （m）	重度 γ （kN/m³）	黏聚力 c （kPa）	内摩擦角 φ （°）	泊松比 υ	E_s （MPa）
①	填土	1.10	18.00	5.00	10.00	0.35	1
②	粉质黏土	3.10	18.60	24.70	13.10	0.25	4.9
③-0	淤泥	6.60	15.50	12.00	5.00	0.35	3.6
③-1	夹细砂层	3.50	20.00	0.00	30.00	0.26	20
③-0	淤泥	5.30	15.50	12.00	5.00	0.35	5.4
④	粉质黏土	5.20	18.70	18.90	12.80	0.28	13.5
⑤	细砂	2.00	20.00	0.00	30.00	0.22	30
⑥	砾砂	0.70	22.00	10.00	30.00	0.2	48
⑦	粉质黏土	2.30	19.00	23.90	15.40	0.29	15.08
⑧	细砂	2.20	22.00	10.00	25.00	0.24	50
⑨	粉质黏土	3.00	19.20	30.00	15.70	0.35	25.52

2.1 水泥搅拌桩宽度分析

基坑开挖深度为7.4m。为了分析水泥搅拌桩的合理宽度，在基坑开挖面以下5m深度范围设置了宽度为3m的加固区；双排钻孔桩直径800mm，桩长22m，前后排桩间距为2.5m、纵向间距2m。假定水泥搅拌桩深度14m，宽度分析工况分别为2.5m、3.5m、4.5m和6m。

不同宽度工况条件下的计算结果如图1所示。从图1可以看出，在双排桩设置水泥搅拌桩后，一开始时减小位移的效果非常明显，能够减小双排桩的变形一半以上，当水泥搅拌桩宽度达到3m以后，其作用开始减缓。图1还可以看出，水泥搅拌桩的宽度有一个优化值，即超过3.5m以后对减小基坑侧向变形的作用增加有限，因此为了发挥组合式支护结构的最大效能，水泥搅拌桩的宽度有一个最优值，可考虑在3.5m～4.5m之间。

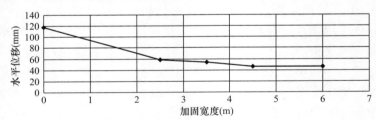

图1 水泥搅拌桩宽度对比分析

2.2 双排钻孔灌注桩排距分析

为了分析双排钻孔灌注桩的合理排间距，假定双排钻孔灌注桩直径800mm，桩长22m，前后排桩之间设连梁，纵向间距2.5m，采用双排钻孔灌注桩之间加格构成水泥搅拌桩，宽度与排桩横向间距对应，基坑开挖面以下5m深度范围内加固宽度3m。为分析考虑的双排钻孔灌注桩间距分别为1.5m、2m、2.5m、3m、3.5m和4.2m。计算结果见图2。

由图2可以看出，随着双排桩排间距的增加，基坑水平位移减小，并且在排距较小时增加排距，位移快速减小，门式框架的作用开始体现；排距达到一定宽度之后，排距增加对减小变形的作用越来越小。由此可见，对于双排桩，门式框架作用有一个合理宽度问题，可考虑在3m～3.5m之间。

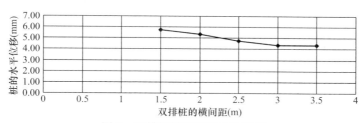

图2 双排桩排间距的分析结果

3 实际基坑工程设计与施工监测结果

3.1 潮州汇贤居基坑工程

该工程具有开挖面积大、开挖深度较深的特点。为使基坑设计符合经济性、安全性和实用性的原则，设计采用水泥搅拌桩与钻孔灌注桩组合支护结构形式，其大样如图3所示。

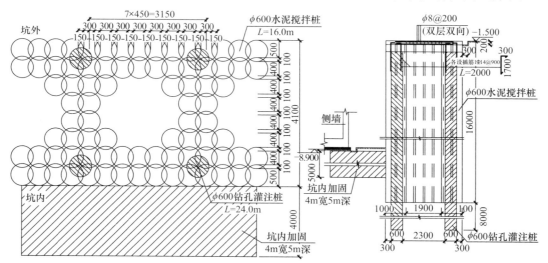

图3 水泥搅拌桩与双排钻孔灌注桩组合式结构布置大样

基于前述组合式基坑结构分析结果，设计采用格构式水泥搅拌桩，直径600mm。长度16m，宽度4.1m；钻孔灌注桩直径600mm，间距3.15m，排距3.15m，桩长24m；基坑内侧底部，沿坑边用格构式水泥搅拌桩进行坑底加固，加固宽度4m，深度5m，加固土的重度$\gamma = 18kN/m^3$，黏聚力$c = 25kPa$，内摩擦角$\varphi = 20°$。

按照上述设计参数，基坑数值分析模型和相应的变形计算结果如图4所示。该基坑支护平面详图如5所示，位移观测平面布置图如图6所示。

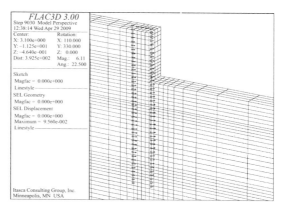

图4 双排钻孔桩与水泥搅拌桩组合结构水平位移

45

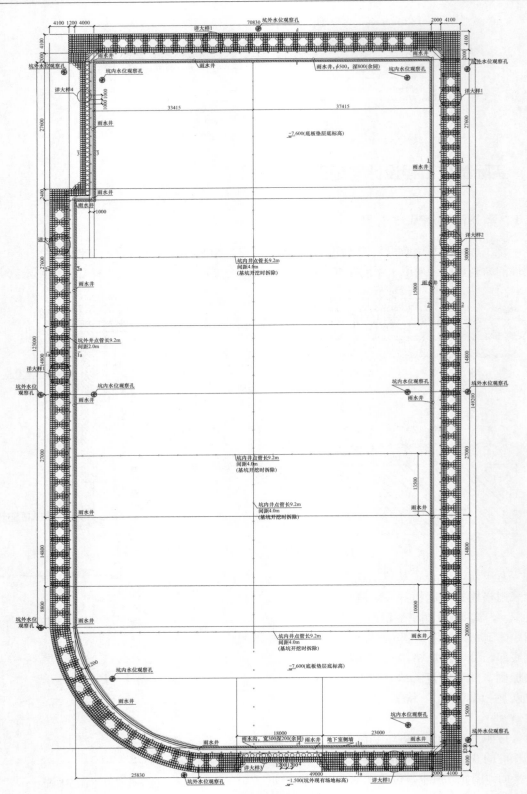

图 5 基坑支护平面图

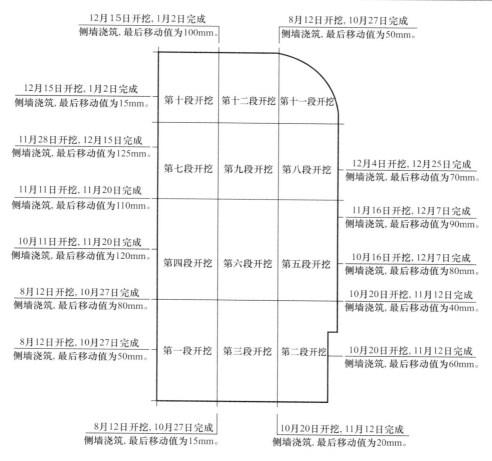

图 6　基坑支护位移观测平面图

由图 4 可以看出，水泥搅拌桩与双排钻孔灌注桩组合式结构的最大水平位移为 95mm。该基坑从 2008 年 8 月 12 日开始开挖，12 月 25 日地下室外墙施工结束。双排桩与水泥搅拌桩组合基坑支护结构实测结果表明：支护结构水平变形为 80mm～125mm。

3.2　汕头星汇国际基坑

该基坑工程地处闹市，周边均为城市主干道，南面一层、北面二层地下室，开挖深度 4.20m～7.95m，面积约 42126m²，坑底为淤泥，坑底以上为粉细砂层。基坑北面局部支护如图 7 所示。

北面二层地下室基坑支护方案如下：（1）北面、东面采用单排钻孔灌注桩与水泥搅拌桩组合式支护结构形式，单排钻孔灌注桩直径 700mm，间距 2.7m、桩长 20m；格构式水泥搅拌桩直径 600mm，长度为 16m，宽度为 4.1m；$\gamma = 18kN/m^3$，黏聚力 $c = 25kPa$，内摩擦角 $\varphi = 20°$。基坑内侧底部，沿坑边用格构式水泥搅拌桩，坑底加固，加固宽度为 4.0m，深度为 5m；（2）西面临主干道东厦路，采用常规双排钻孔灌注桩挡土加中间双排水泥搅拌桩止水方案。图 8 为组合式基坑结构大样图，图 9 为常规式基坑结构大样图。

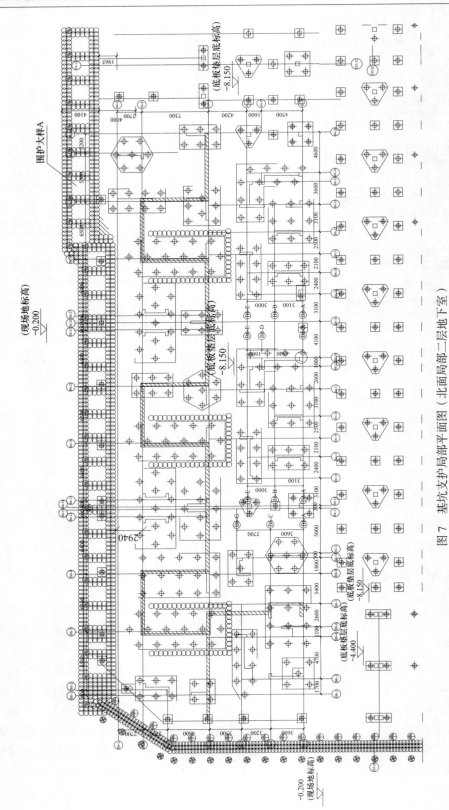

图 7　基坑支护局部平面图（北面局部二层地下室）

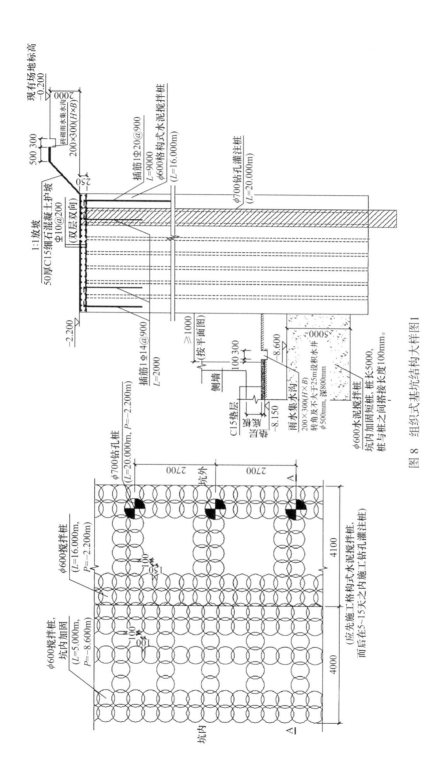

图 8　组织式基坑结构大样图 1

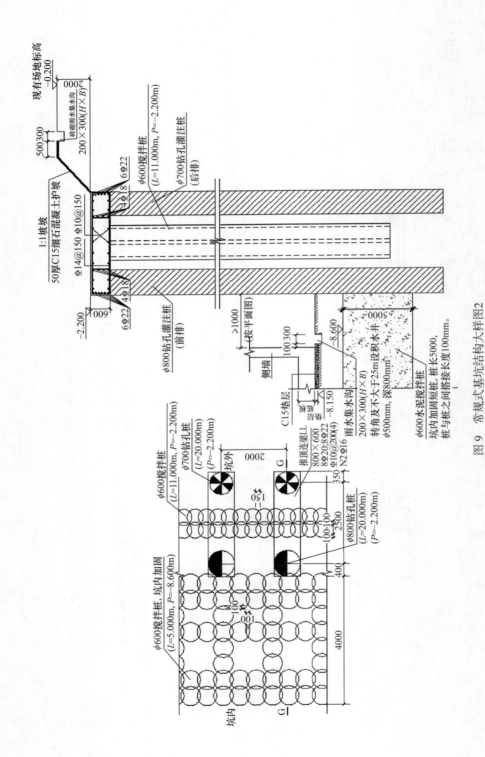

图 9 常规式基坑结构大样图2

该基坑从 2012 年 10 月 12 日开始开挖，至 2013 年 4 月地下室侧墙施工完成，单排钻孔桩与格构式水泥搅拌桩组合基坑支护结构实测水平变形为 40mm～50mm，与常规的双排钻孔灌注桩支护结构水平变形相近。

4 结论

水泥搅拌桩与钻孔灌注桩组合式支护结构，应用于潮汕地区的多个基坑工程中，取得了非常好的效果，满足了软土地区二层地下室大面积深基坑设计的经济性、合理性和安全性的要求。

水泥搅拌桩与双排钻孔灌注桩组合式支护结构关键参数分析表明，最优的钻孔灌注桩桩距及排距约为 3m，水泥搅拌桩最优宽度约为 3.6m～4.5m。数值分析与实测对比结果表明，该组合式支护结构在设计和施工方面均能达到基坑安全开挖的目的，与常规的双排钻孔灌注桩支护结构相比，沿基坑周长节省投资约 400 元/m～500 元/m，且止水效果更好。

参考文献：

[1] 龚晓南，高有潮. 深基坑工程设计施工手册 [M]. 北京：中国建筑工业出版社，1998.
[2] 余志成，施文华. 深基坑支护设计与施工 [M]. 北京：中国建筑工业出版社，1997.
[3] 蔡袁强，赵永倩，吴世明，等. 软土地基深基坑中双排桩式围护结构有限元分析 [J]. 浙江大学学报（工学版），1997，31（4）：442-447.

双排桩内撑支护结构在汕头软土地区深基坑中的应用

周树庆

（广东建联建筑设计有限公司，广东　汕头 515041）

[摘要]：本文结合汕头地区软土地质条件下的工程实践，对双排桩内撑体系在基坑工程中的应用进行了初步探讨。

[关键词]：基坑支护；双排桩支护结构；内撑体系

1　概述

1.1　基坑支护结构选型

地质条件、场地周边环境及开挖深度是影响基坑支护结构选型的三个主要因素。

在地质条件方面，汕头大部分区域土层中含有淤泥或淤泥质土层，具有埋深较浅、厚度大、工程性质差等特点。不少项目位于闹市区中，场地周边环境复杂，道路管线及建筑物环绕，一些建筑物的基础形式为浅基础，对基坑变形要求严格。随着越来越重视对地下空间的利用，多层地下室越来越多见，从单层（开挖深度一般为 4m～5m，多采用重力式水泥搅拌桩挡土结构）到二层（开挖深度一般为 7m～8m，多采用双排桩挡土结构）再到三层及以上（开挖深度一般为 9m 以上，多采用内支撑或桩锚挡土结构）。

设计人员应根据以上三个主要因素，确定基坑安全等级及基坑变形控制值，选用合适的挡土结构形式。

1.2　双排桩内支撑支护结构的特点

对于在汕头软土区域，周边环境复杂条件下的超深基坑（9m 以上），一般多采用内支撑支护结构。其变形控制在 30mm～50mm 以内。

多数情况下，内支撑结构体系由支护排桩（单排钻孔灌注桩）＋单道或多道钢筋混凝土角撑、对撑或环撑组成。

由于多道内支撑体系影响土方开挖和地下室施工，延误工期，因此如何在不影响基坑安全及控制造价的条件下优化内支撑布置方式、减少内支撑道数，是设计人员面临的一个课题。

汕头软土地区基坑工程实践结果表明，双排桩支护结构既能减少内支撑道数，又能控制基坑变形和改善支护结构体系受力状态，无疑是一个较好的选择。

在工程实践上，采用双排桩后，一般情况下可取消基坑顶面的内支撑，同时通过优化内支撑布置位置、减少一道内支撑，使基坑支护受力体系更加合理。

2 工程实例

2.1 工程实例1

本项目为某28层商业中心，设置3层地下室，开挖深度为11.15m，位于市中心商业区，四周均为主干道或区间路，市政管线多，基坑安全等级为一级。

场区地质土层从上而下分别为：①杂填土、素填土层，层厚3m～4.3m；②淤泥质土层，厚度1.4m～2.8m，饱和，流塑；③粉砂层，厚度0.8m～2.8m，饱和，松散；④淤泥混贝壳层，厚度5.3m～9m，饱和，流塑；⑤粉质黏土层，层厚0.9m～4.8m，可塑；⑥粗砂层，层厚4.45m～7.7m，饱和，密实；⑦灰色黏土层，层厚5.4m～10m，饱和，软塑一可塑；⑧砂土层，部分孔缺失，层厚1.1m～4.8m，饱和，密实；⑨黏性土层，层厚3.3m～6.8m，可塑；⑩粗砂、细砂层，厚度10.34m～14.7m，饱和，密实。

基坑支护结构采用双排钻孔灌注桩加一道钢筋混凝土内支撑。基坑平面布置如图1所示，支护及钢筋混凝土内支撑布置见图2。排桩采用双排ϕ800@1500钻孔灌注桩，桩顶标高－2.300m，桩长28m。双排桩中间采用一排ϕ600高压旋喷桩作截水帷幕，桩中心距0.4m，桩长穿过第⑥土层（砂层）不少于1m。

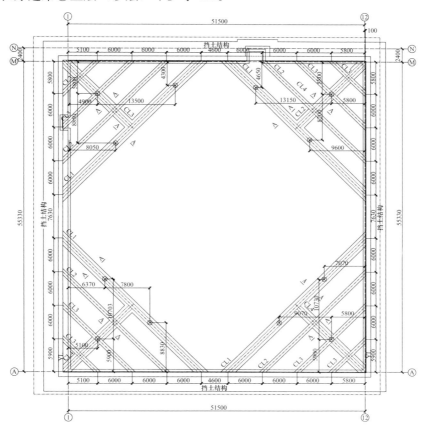

图1　基坑平面布置（实例1）

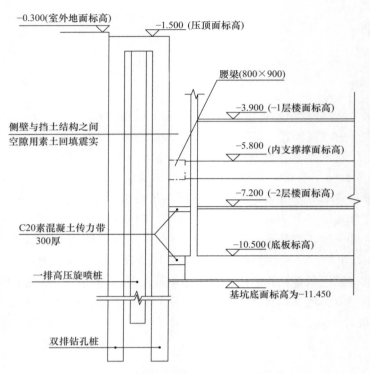

图 2　支护及钢筋混凝土内支撑布置（实例 1）

2.2　工程实例 2

本项目为某人防结构，基坑开挖深度约 10.6m，场地周边环境为：北面和东面均毗邻现有建筑物，邻近建筑物除 9 层钢筋混凝土楼外其余均为浅基础，北面距离住宅楼最近约 11.8m，东面距离厂房（砖混结构）最近约 5.2m，南面距离区间路中线约 14.7m，西面为农田。基坑安全等级为一级。

场区地质土层从上而下分别为：①素填土层，层厚 1.5m～3.6m；②细砂层，层厚 0.42m～4.52m，松散—稍密；③淤泥层，层厚 9.21m～17.57m，饱和，流塑；④黏土、粉质黏土层，层厚 0.37m～7.58m，可塑；⑤中砂、粗砂层，层厚 1.25m～9.45m，中密；⑥淤泥质土层，层厚 1.68m～11.97m，饱和，流塑；⑦黏土、粉质黏土层，层厚 2.28m～8.11m，软塑；⑧粉砂、细砂层，层厚 3.17m～10.75m，密实；⑨粉质黏土层，层厚 1.93m～4.95m，软塑—可塑；⑩黏土层，厚度 1.39m～5.25m，可塑。

基坑支护结构采用双排钻孔灌注桩加一道钢筋混凝土内支撑。基坑平面图如图 3 所示，支护及钢筋混凝土内支撑布置如图 4 所示。排桩采用双排 $\phi800@1500$ 钻孔灌注桩，桩顶标高 2.5m，桩端要求进入第⑧土层（砂层）1m，桩长约为 34m～37m。双排桩中间采用三排或二排 $\phi600mm$ 水泥搅拌桩作截水帷幕，桩中心距 0.4m（排间桩距 0.45m），桩长 14m。

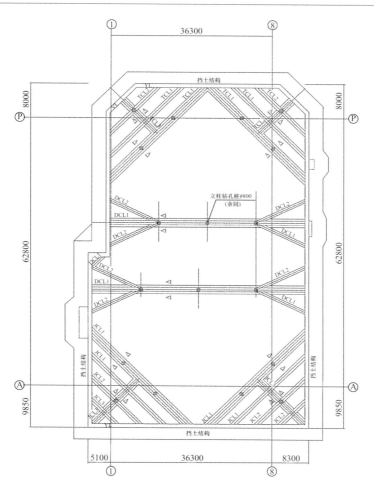

图 3　基坑平面布置（实例 2）

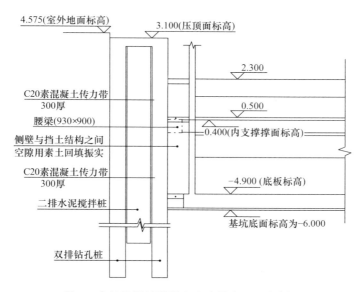

图 4　支护及钢筋混凝土内支撑布置（实例 2）

3 结语

从上述 2 个工程实例的实际效果来看，基坑变形值（水平位移及地面沉降）均在控制值以内，周边建筑物沉降未见异常，道路完好。说明在汕头软土地区深基坑中采用双排桩内支撑支护结构形式是可行的。该种支护形式减少了内支撑道数（一般设计均需二道及以上），缩短了工期，降低了造价且便于施工，值得推广应用。

汕头地区小高层复合桩基工程初探

黄上进[1]，邓南[2]

（1 汕头市升平建筑设计院有限公司，广东　汕头 515021；

2 广东新长安建筑设计院有限公司，广东　汕头 515041）

[摘要]：通过汕头地区某住宅小区复合桩基的应用实例，介绍了在地下室底板以下有如黏土、粉质黏土和砂层等，地基承载力达到 120kPa 以上相对硬壳土层的情况下，可按复合桩基的概念，由桩和桩间土共同分担上部结构的荷载，从而达到减少用桩量、减少挤土效应的目标，阐述了复合桩基的设计概念及在软土地区桩基础设计中的工程意义。

[关键词]：复合桩基；小高层；桩土作用；整体承载力；沉降计算

1　前言

汕头为海滨城市，工程地质构造较复杂，淤泥、淤泥质土等软弱土层较厚，其特点是含水量高，孔隙比大，抗剪强度低，压缩性高，天然地基承载力较低。汕头多、高层建筑物的基础形式，几乎全部采用桩基础。

目前大多数工程均采用常规桩基设计方法，上部结构所有荷载由桩承担，桩长一般 25m～50m，基础相对造价较高。对于大量 8 层以下多层住宅，可利用软土地基上部相对硬壳土层直接承担部分荷载，通过由桩和桩间土共同分担上部结构荷载按复合桩基设计，已经有汕头市万盛花园、光华花园、同益花园、康逸花园等多个工程实例证明是可行的[1]。而小高层（约 10～19 层），能否利用地下室底板下的相对硬土层来承担部分荷载，值得探讨。

汕头市澄海区御景花园住宅小区就是一个采用复合桩基概念来设计基础的小高层建筑实例。

2　工程和地质概况

汕头市澄海区御景花园住宅小区工程总建筑面积 5.3 万 m^2，共有 11 幢地上 10～17 层、地下 1 层小高层住宅（见图 1）。采用现浇钢筋混凝土框架（框剪）结构，按 8 度抗震设防。

本工程场地钻探孔揭露的地质资料表明，地表以下 59m 勘探深度范围内共有 14 层土，自上而下依次为：①杂填土；②粉质黏土；③中细砂层；④淤泥土；⑤黏土；⑥淤泥质土；⑦粉质黏土；⑧中粗砂土；⑨淤泥质土；⑩粉质黏土；⑪淤泥质土；⑫黏土；⑬中粗砂土；⑭粉质黏土。各土层物理力学指标详见表 1，典型钻探地质剖面如图 2 所示。

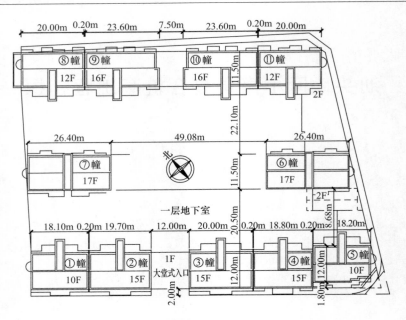

图 1　御景花园总平面图

土层物理力学指标　　　　　　　　　　　　　　　　　　　表 1

层号	土层名称	层底标高（m）	地基土承载力标准值 f_k(kPa)	天然密度（g/cm³）	E_s(MPa)	桩侧极限阻力标准值 q_{sik} (kPa)	桩的极限端阻力标准值 q_{pk}(kPa)	土层性状
①	填土	$-1.74\sim-0.70$	0	1.90	2.00	0	—	灰杂色，以新近堆填的河砂为主，湿，松散
②ₐ	粉质黏土	$-2.32\sim-1.52$	100	1.86	5.05	22	—	灰黄色，以高岭土为主，含少量粉细砂，饱和，可塑
②ᵦ	淤泥	$-2.90\sim-1.52$	50	1.60	2.00	12	—	深灰色，以淤泥为主，饱和，流塑
③	中细砂	$-7.00\sim-5.60$	130	1.90	10.00	17.2	—	灰色，灰黄色，成分以石英、长石为主，砂质较纯，不良级配，饱和，稍密
④	淤泥	$-18.4\sim-17.57$	50	1.61	2.33	14	—	深灰色，以淤泥为主，含少量粉细砂、贝壳，饱和，流塑
⑤	黏土	$-22.45\sim-21.30$	210	1.95	6.92	70	3000	灰黄色，以高岭土为主，土质纯，饱和，硬可塑
⑥	淤泥质黏土	$-30.3\sim-27.31$	70	1.64	3.48	22	—	深灰色，以淤泥为主，含少量粉砂，饱和，流塑
⑦	粉质黏土	$-33.15\sim-32.20$	205	1.91	6.24	70	3000	灰白色，杂色，以高岭土为主，土质纯，黏性好，饱和，可塑
⑧	中粗砂	$-38.33\sim-37.57$	260	1.90	20.00	78	8400	灰白色，成分以石英、长石为主，含少量中细砂，砂质较纯，良好级配，饱和，中密—密实
⑨	淤泥质黏土	$-38.33\sim-37.57$	80	1.77	4.01	54	—	灰黑色，以淤泥为主，饱和，流塑

层号	土层名称	层底标高（m）	地基土承载力标准值 f_k（kPa）	天然密度（g/cm³）	E_s（MPa）	桩侧极限阻力标准值 q_{sik}（kPa）	桩的极限端阻力标准值 q_{pk}（kPa）	土层性状
⑩a	粉质黏土	−45.87~−40.06	220	1.90	6.63	24	3200	青灰色，灰褐色，以高岭土为主，土质纯，黏性好，饱和~硬可塑
⑩b	细砂	−45.87~−40.06	180	1.90	15.00	76	—	灰白色，成分以石英、长石为主，含少量泥质，饱和，中密
⑪	淤泥质黏土	−49.48~−44.6	85	1.74	3.81	54	—	深灰色，以淤泥为主，土质均匀，细腻，饱和，流塑
⑫	黏土	−51.80~−46.46	210	1.88	6.38	24	3200	青灰色，以高岭土为主，含少量粉砂，饱和，硬可塑
⑬	中粗砂	−52.89~−48.06	280	1.90	25.00	72	9400	灰白色，成分以石英、长石为主，含少量粉细砂，良好级配，饱和，中密—密实
⑭	粉质黏土	未钻穿	210	1.89	6.09	86	—	灰色，以高岭土为主，含少量粉砂，饱和，硬可塑

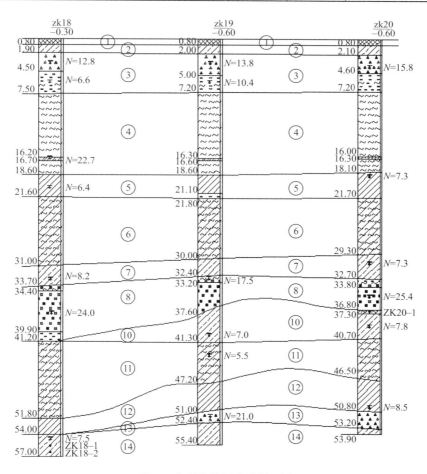

图 2　典型的钻探地质剖面图

3 基础方案的选择

从工程地质资料可知，上部杂填土以下的第③层土为中细砂，厚度 2.2m～5.5m，稍密状。地基承载力标准值 $f_k=130kPa$，可以作多层建筑物天然地基持力层。但由于本工程为小高层，且带有一层地下室，层高为 3.6m，开挖后，地下室底板以下砂层厚度不足以承受上部荷载，同时其下卧层承载力较低，需采用桩基础方案。本工程桩基础设计有两种方法：一是按常规桩基设计方法，即建筑物的所有荷载由桩承担；二是按复合桩基的概念设计方法，由桩和桩间土共同承担上部结构荷载，同时也要起到控制或减少沉降变形的作用。为探索复合桩基在汕头地区小高层建筑的适用性，在通过各种计算软件分析基础沉降以及调查汕头地区已建多幢复合桩基工程沉降相关资料的基础上，本工程采用复合桩基的设计方法。该方法既可以减少用桩量，充分利用地表浅部的第③层中细砂层承担部分荷载，又可减少挤土效应。

4 复合桩基的设计

根据场地条件，综合考虑工期、造价、施工等因素，确定主体及地下室裙楼基础采用静压预应力管桩，桩径 $\phi400$、$\phi500$，以第⑧层中粗砂作桩端持力层；自地面算起，桩长 $L=34.5m$～36.5m。根据地质资料和工程经验，$\phi400$、$\phi500$ 静压预应力管桩单桩竖向极限承载力标准值 R_k 分别为 2400kN、3400kN。布桩时，70%的上部结构荷载由桩承担，其余30%由天然地基承担。复合桩基的整体承载力满足上海市《地基基础设计规范》DGJ 08-11—1999[2]中的计算公式：

$$F_d + G_d \leqslant \xi \cdot k \cdot R_k + A_c \cdot f_{s,d} \tag{1}$$

式中，F_d 为上部结构传至承台顶面的竖向荷载设计值，kN；G_d 为承台自重及承台上覆土重的设计值，kN；ξ 为复合桩基承载力调整系数，取 0.55；k 为桩数；R_k 为单桩竖向极限承载力标准值，kN；A_c 为承台（条基或筏基）底面积，m²；$f_{s,d}$ 为承台下地基承载力设计值，kPa，本工程取值 $f_{s,d}=110kPa$。

沉降计算，采用同济大学启明星桩基沉降计算软件[3]。

本工程筏板厚 500mm，墙柱下承台高 1500mm。图 3 为第②和第③幢按复合桩基设计

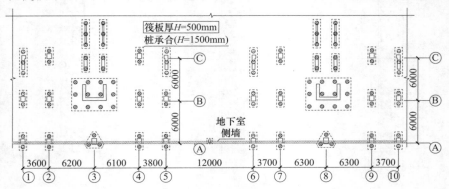

图 3 第②和第③幢复合桩基础平面图

的基础布置图，相应沉降如图 4 所示。表 2 为第②和第③幢部分柱底内力、桩基布桩数量和复合桩基沉降等结果的汇总。

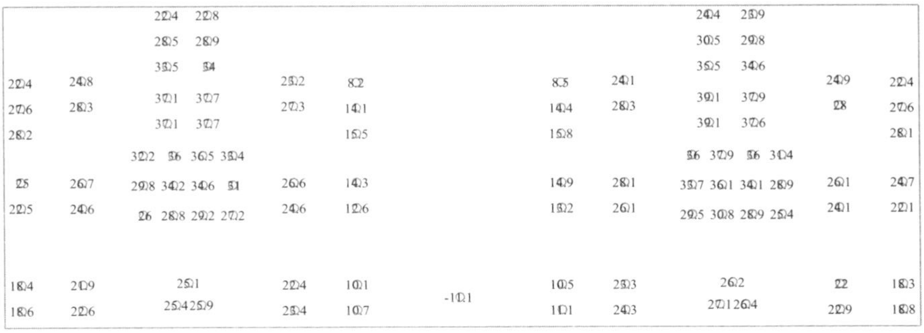

图 4　桩顶沉降分析图

第②和第③幢部分柱底内力、桩基布桩数量、地基土承担荷载比及沉降　　　表 2

柱位	内力值（kN）	桩数量	桩承担荷载数值（kN）	地基土承担荷载数值（kN）	地基土承担荷载百分比	计算沉降（mm）
2A	3817	2	3400	417	10.92	22.3
2B	4211	2	3400	811	19.26	25.7
2C	4167	2	3400	767	18.41	26.6
4A	3827	2	3400	427	11.16	22.9
4B	4268	2	3400	868	20.34	25.6
4C	4223	2	3400	823	19.49	25.3
7A	3931	2	3400	531	13.51	23.8
7B	4292	2	3400	892	20.78	27.1
7C	4253	2	3400	853	20.06	26.2
9A	3915	2	3400	515	13.15	22.5
9B	4293	2	3400	893	20.80	25.1
9C	4185	2	3400	785	18.76	26.5

工程于 2007 年 12 月开始压桩，2008 年 03 月完工，表 3 为部分工程桩静载试验结果。从浇注完成第 2 层楼板开始，进行沉降观测。每栋楼不少于 8 个观测点，至竣工验收前共进行了 5 次沉降观测，最小沉降为 16mm，最大沉降不超过 25mm，估计最终最大沉降为 35mm，与计算的预计沉降 30mm～40mm 较为接近。

工程桩静载试验结果　　　表 3

试验桩号	桩规格（mm）	入土桩长（m）	设计单桩极限承载力标准值（kN）	单桩极限承载力（kN）	最大沉降量（mm）	残余沉降量（mm）	承载力设计值对应沉降量（mm）
176	φ500	34.0	3400	≥3400	17.34	8.36	4.68
37	φ400	34.0	2400	≥2400	8.65	2.51	2.61
591	φ400	34.0	2400	≥2400	14.34	7.01	3.79
6	φ400	34.0	2400	≥2400	12.60	5.46	3.37
15	φ500	34.0	3400	≥3400	13.97	6.25	3.57
185	φ400	34.0	2400	≥2400	11.18	4.40	3.07

续表

试验桩号	桩规格（mm）	入土桩长（m）	设计单桩极限承载力标准值（kN）	单桩极限承载力（kN）	最大沉降量（mm）	残余沉降量（mm）	承载力设计值对应沉降量（mm）
210	ϕ400	34.0	2400	≥2400	12.41	5.07	3.43
488	ϕ500	34.0	3400	≥3400	11.54	2.76	3.18
576	ϕ500	33.0	3400	≥3400	11.37	5.16	3.08

5 结语

汕头市澄海区御景花园小高层住宅小区复合桩基的工程实践证明，在软土地基应用复合桩基，不仅多层住宅可行，只要地质条件许可、设计施工措施得当，对于小高层住宅也是可行的。小高层复合桩基可以充分利用地下室底板以下的相对硬壳土层分担部分荷载，从而减小桩基础所受荷载、减小桩径和桩数、降低静压桩施工时产生的挤土效应，达到优化设计和减少工程造价的目的。

参考文献：

[1] 黄上进，等. 复合桩基在软土地基的工程实践 [M]∥刘金砺. 桩基工程技术进展. 北京：知识产权出版社，2005.

[2] DGJ 08-11—1999 地基基础设计规范 [S]. 上海：上海市建设委员会，1999.

[3] 同济启明星软件. 桩基础通用设计计算软件（Pile 2008）[CP].

汕头荣兴大厦基础及基坑支护的修改设计

黄上进，郑楷

（汕头市升平建筑设计院有限公司，广东　汕头　515021）

[摘要]：本文主要介绍汕头荣兴大厦基础和基坑支护的修改设计及施工过程。针对工程桩、支护结构施工完毕，基坑开挖已达6m深，建设单位要求修改建筑平面、增加地下室层数的情况，通过仔细分析，认真思考，调整结构平面、基础筏板、独立承台及核心筒承台的布置形式。塔楼部分，调整为大筏板，筏板板厚1500mm；靠近地下室侧墙的裙楼，调整为梁板式布置，板厚600mm，地梁800mm×1200mm。地梁既作为基础梁，又兼作第二道水平支撑梁。该工程对如何利用基础工程桩和地基梁替代内支撑基坑支护系统中的最下面一道水平支撑，做了一次有益的探索，效果良好。

[关键词]：桩筏基础；超挖；内支撑；地梁；基坑变形

1　概述

汕头荣兴大厦位于汕头市龙湖区36街区，原设计为地上二十五层，地下二层，系综合写字楼。该工程采用框架—剪力墙结构体系，抗震设防烈度为8度，抗震等级为一级；采用钢筋混凝土钻孔灌注桩筏板基础；基坑支护结构采用钢筋混凝土钻孔灌注排桩＋一道水平内支撑＋桩间高压旋喷桩挡土止水方案。

原设计钻孔桩和支护工程完工及-6.5m以上土方开挖后（见图1），建设单位对本工程的使用功能做重大调整，将综合写字楼改为商住楼，地上1~6层为商场、餐饮等，7~25层为高级住宅楼，地下室由2层改为3层，用以增加停车面积，总建筑面积为36850m²。建设单位委托笔者，在不增加钻孔灌注桩的条件下对原设计进行调整。

图1　基坑-6.5m以上土方开挖现状图

2　场地工程地质条件

在钻孔深度范围内，本工程岩土层的地质构造自上而下可分为：

①填土、填砂层，厚2.5m~3.2m，饱和，松散；②粉砂混泥层，厚3.6m~5.9m，饱和，松软；③淤泥层，厚5.92m~13.7m，饱和，流塑；④粉质黏土层，厚1.00m~5.10m，软可塑—可塑，含10%~15%粉、细粒砂；⑤灰色黏土，厚2.2m~10.0m，饱和，软塑；⑥粉细砂、黏土层，厚0.5m~6.38m，其中粉细砂呈中密状，黏土呈软塑~可塑态；⑦泥炭土层，厚0.5m~3.4m，饱和，可塑；⑧黏土、粉土、粉砂层，厚1.74m~6.5m，饱和，黏土呈可塑态，砂土、粉土呈稍密—中密状；⑨粉土、灰色黏土层，厚1.3m~4.8m，饱

和，软可塑态；⑩含黏粒粉砂层，厚 2.1m～6.7m，饱和，呈稍密—中密状，$N=13\sim19$ 击；⑪灰色黏土层，厚 4.6m～14.8m，饱和，软可塑—可塑态，$N=5$ 击；⑫粉质黏土层，厚 0.9m～3.48m，可塑态，$N=14$ 击；⑬粉砂层，厚 2.95m～7.21m，饱和，呈中密—密实状，$N=19\sim49$ 击；⑭粗砂、砾砂层，厚 0.8m～13.6m，饱和，密实状，$N=31\sim95$ 击；⑮砂质黏土层，系花岗岩残积土，厚 0.5m～1.8m，$N=39$ 击；⑯强风化花岗岩层，厚 2.0m～17m，$N=69\sim390$ 击；⑰中等风化花岗岩层，已钻入深度 0.3m～2.57m。

工程典型地质钻孔 ZK102 剖面图见图 2。

工 程 地 质 柱 状 图

钻孔编号		ZK102		座标	x:		米	钻孔深度	68.58	m	开孔日期	1996年6月16日
孔口标高		1.45	m		y:		米	水位深度	0.00	m	终孔日期	1996年6月19日

分层号	层底标高(m)	层底深度(m)	分层厚度(m)	地质柱状 1:250	工程地质简述	标贯N63.5 深度(m)	实际击数 校正击数	岩土样 编号 深度(m)
①	0.45	1.00	1.00		柔填土，浅黄色，由中细砂填置而成未压实。			
②	-0.95	2.40	1.40		耕土，灰褐色、黄褐色，主要成分为粉质黏土，含植物根茎。			
③	-5.75	7.20	4.80		粉砂：灰—灰黑色，含泥质及有机质夹多层淤泥薄层，饱和，松散。	5.95 6.25	4 3.6	
④	-17.25	17.70	11.50		淤泥：深灰色，含有机质，粉细砂及贝壳碎屑，中部含较多量的中细砂及贝壳碎屑，下部见腐木碎屑，流塑。			ZK102-1 15.70～15.90 ZK102-2 19.60～19.90
⑤	-20.35	21.80	3.10		粉质黏土：浅灰色，灰黄色，土黄色，杂色，含砂团包夹黏土层，可塑。	20.05 20.36	15 10.5	
⑥	-25.75	27.20	5.40		淤泥质粉质黏土：深灰色，灰黑色，含有机质，粉细砂及腐木碎屑，流塑。	23.45 23.75	6 4.2	
⑦	-27.55	29.00	1.80		细砂：灰色，含多量泥质及有机质，饱和，松散—稍密。			
⑧	-28.55	30.00	1.00		粉土：浅灰色，灰白色，由粉细砂及黏粒、粉粒组成。			
⑨	-31.35	32.80	2.80		粗砂：灰色，浅灰色，含泥质，夹中细砂层，饱和，砂密—中密。	30.35 31.25	17 11.2	
	-33.55	35.00	2.20		粉质黏土：深灰色，含有机质，粉细砂及腐木碎屑，软塑。			
⑩	-39.05	40.50	5.50		粉砂：灰色，深灰色，含多量泥质及有机质，夹多层淤泥质土薄层，下部为粉砂淤泥质土互层，饱和，粉砂松散，淤泥质土流塑。	36.05 36.35	15 9.6	
⑪	-46.15	47.60	7.10		淤泥质粉质黏土：深灰色，含有机质，粉砂及腐木碎屑，夹软塑黏土薄层，局部含灰色黏土硬块，流塑。			
⑫	-48.55	50.00	2.40		粉质黏土：深灰色，含有机质，粉细砂及腐木碎屑，含黏土硬块，软塑。	47.81 48.11	10 6.0	
	-51.35	22.80	2.80		粉土：浅灰色，由粉砂及黏粒、粉粒组成，湿，中密。			
⑬	-55.15	56.60	3.80		粉砂：浅灰色，灰白色，含泥质，下部含少量中细砂，饱和，中密。	56.41	75.0	ZK102-3 56.00～56.20
⑭	-62.55	64.00	7.40		砾砂：浅灰色，灰白色，土黄色，含泥质，夹中、粗砂层，下部含砾石、卵石，卵石大小约1cm×3cm×4cm，泥质胶结较好，饱和，中密—密实。	56.11	42.0	56.00～56.20
⑮	-63.55	65.00	1.00		砂质黏性土：灰白色，灰绿色，土黄色为风化花岗岩残积土，湿，可塑—硬塑。			
⑯	-67.13	68.58	3.50		强风化花岗岩：灰白色，灰绿色，黄褐色，结构可辨，岩心呈小碎块状，有硅化，铁染迹象。			

图 2　典型地质钻孔剖面图

根据地质报告，常年地下水位在自然地面以下 0.3m～1.0m 范围变化，属于潜水，赋存于第①和第②层土中，另有孔隙水，主要赋存于第⑭层砂土中，水量较丰富，属于承压水。

基坑的周边环境：距东面 3m 为黄山路；北面 15m 有两栋多层建筑物（桩基础）；南面及西面 25m 有低层建筑物；东侧及西侧红线边上有市政管道及地下电缆管网。

3 原基础和基坑支护设计

3.1 原基础设计

原基础设计采用钢筋混凝土钻孔灌注桩＋筏板基础，桩径分别为 ϕ900mm、ϕ1000mm、ϕ1200mm，桩长 64m～70m；桩端持力层为强风化花岗岩，ϕ900mm、ϕ1000mm、ϕ1200mm 桩单桩竖向极限承载力标准值 Q_{uk} 分别为 6100kN、7700kN、11000kN。单桩竖向静载荷试验均能满足设计要求，见表 1。

单桩竖向静载荷试验结果　　　　　　　　　　　　　　　　　　表 1

桩号	桩径 (mm)	桩长 (m)	单桩竖向极限承载力标准值 Q_{uk}(kN)	试验最大加荷 (kN)	试验累积沉降量 (mm)	卸载残余沉降量 (mm)	试验评定 Q_{uk}(kN)	备注
215	900	64.11	6100	6100	12.11	3.71	＞6100	$Q-s$ 曲线光滑正常
183	1000	68.42	7700	7700	14.39	2.44	＞7700	$Q-s$ 曲线光滑正常
49	1200	69.15	1100	1100	9.20	2.74	＞11000	$Q-s$ 曲线光滑正常

原设计两层地下室层高均为 4.2m，基础筏板厚 1.3m，柱下独立承台厚 2.6m，核心筒处筏板厚 3.3m，原钻孔灌注桩桩位及基础平面布置如图 3 所示。

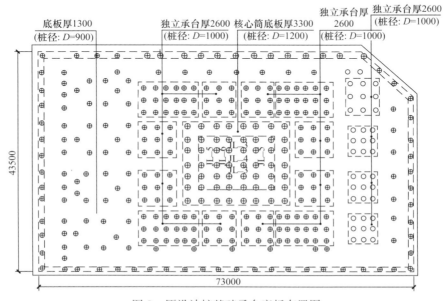

图 3　原设计桩基础承台底板布置图

3.2 原基坑支护设计

基坑形状为矩形（局部斜边），基坑支护挡土桩包围面积为 $3424m^2$，外地坪标高为 $-1.2m$，原基坑开挖深度从自然地坪起计至筏板垫层底为 8.6m，至独立承台垫层底为 9.9m，至核心筒筏板垫层底为 10.6m。基坑围护工程采用钢筋混凝土钻孔灌注桩围护加钢筋混凝土内支撑，钻孔灌注桩直径采用 $\phi1000$，桩距 1.2m，有效桩长 21m；桩间用直径 $\phi600$ 高压旋喷桩止水。钻孔灌注桩顶设 1500mm×1250mm 压顶梁及 800mm×1200mm、700mm×1200mm 和 600mm×1200mm 内支撑梁，压顶梁和内支撑梁面标高为 $-3.2m$，压顶梁以上至地面采用两排直径 $\phi600$ 水泥深层搅拌桩，桩长 4.5m，压顶板厚度 180mm。除垫层混凝土强度等级为 C10、水泥搅拌桩压顶板为 C20 外，其余构件混凝土强度等级均为 C30。原基坑设计平面布置详见图 4。

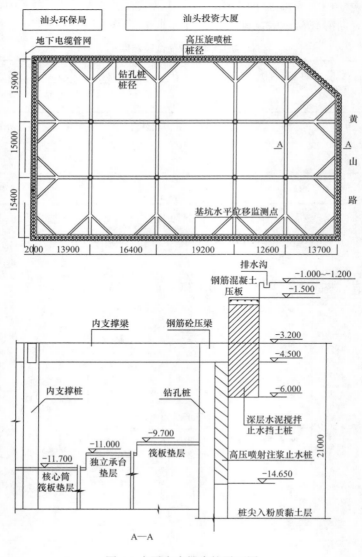

图 4　水平内支撑支护平面图

4 基础与基坑支护的修改设计

4.1 基础的修改设计

由于建筑使用功能的调整，修改后的建筑平面势必出现部分柱子和剪力墙与原钻孔灌注桩位置不对应的情况。基础修改设计主要解决的问题是：协调好建筑平面与结构布置的关系，使柱子、剪力墙的布置既能满足建筑平面使用功能的要求，又能充分利用已施工完成的钻孔灌注桩。经反复研究分析，最终确定整个高层部分修改为桩筏基础，筏板厚2.0m；裙楼部分柱位采用独立承台，厚1.5m，其余底板部分改为梁板式构造，底板厚由原来的1.3m调整为0.6m。地梁宽0.8m，高1.2m。

高层部分的筏板采用中国建筑科学研究院开发的基础计算软件 TBSA-F 计算。计算结果表明，利用原有的桩及桩承载力能满足修改后上部结构的承载要求。修改后的基础平面布置如图 5 所示。

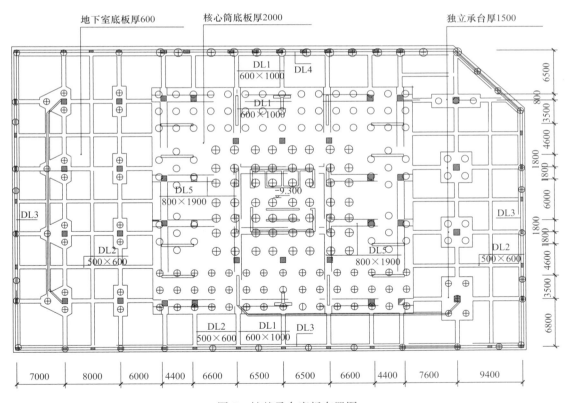

图 5 桩基承台底板布置图

4.2 基坑支护的修改设计

根据修改后的基础设计，地下室由两层改为三层，层高分别为 3.0m、3.3m 和 3.3m，基坑开挖深度从自然地坪起计至底板地梁垫层底为 9.7m，至独立承台垫层为 10.0m，至筏板垫层底为 10.5m。

实际开挖大部分比原设计深 1m 以上。通过对排桩桩身配筋及嵌固深度、抗倾覆坑底隆起和基坑整体稳定性等验算分析可知，围护排桩的长度不够，嵌固深度不足，坑底土质为淤泥层，可能引起围护排桩向坑内踢脚，变形过大。如何防止围护桩向坑内踢脚，成为本工程支护成功的关键。先后考虑的方案有：（1）按原设计在坑底加临时钢支撑系统；（2）采用坑底土体注浆或高压旋喷桩加固；（3）利用基础地梁连接支护排桩和工程桩及 DL3、DL4 梁，在坑底形成一道水平支撑系统。方案（1）、（2）费用较高，且不十分可靠，最后决定采用方案（3），节省投资且安全可靠，充分发挥了工程桩的潜能。

DL3 梁和 DL4 梁剖面图见图 6、图 7，施工现场见图 8、图 9；第二道水平支撑布置见图 10。

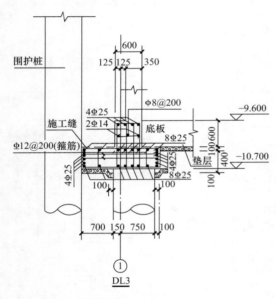

图 6　DL3 剖面图

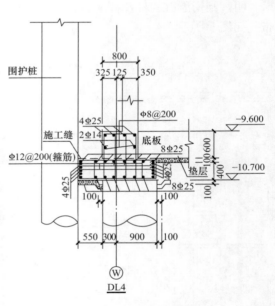

图 7　DL4 剖面图

图 8　DL3 施工现场

图 9　DL4 施工现场

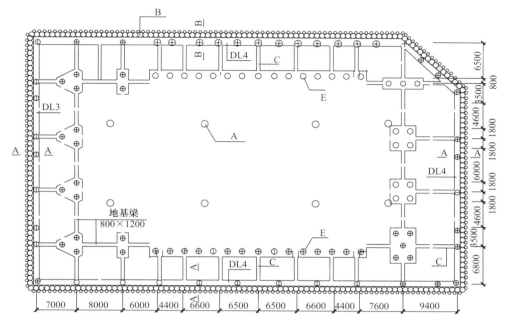

图 10　利用地梁及工程桩、围护桩替代第二道水平支撑示意图

A—内支撑桩；B—围护桩（内为钻孔桩，外为高压旋喷桩各1排）；C—承台地梁；DL—地梁；E—工程桩

不考虑与考虑坑底支撑梁作用条件下支护桩的水平变形分别如图11和图12所示。

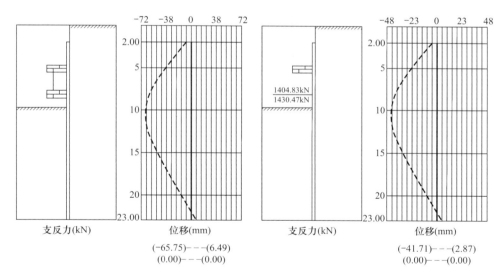

图 11　不考虑坑底支撑梁时
支护桩的水平变形

图 12　考虑坑底支撑梁时
支护桩的水平变形

5　施工与基坑变形监测

该工程于1999年8月恢复开工，施工单位做了周密的施工方案，与此同时，委托汕

头市建筑设计院勘测分院对基坑围护桩的水平位移设点进行监测,以便及时掌握基坑变形情况和趋势。开挖先从东南角进行,开挖长度 35m。经监测发现围护桩最大侧向位移为 34mm,相对位移速率为 0.038mm/h,此时在水平支撑梁上发现有裂纹,上宽下窄,说明水平支撑梁上面受拉,支护桩底向坑内位移。经研究后决定将原分段开挖长度 35m 缩小为 15m,并及时施工底板标高以下 DL3、DL4 和其他地梁承台。

DL3 施工后观测围护排桩变形情况,发现围护排桩向坑内位移的峰值减小,相对变形位移速率明显减小至 0.011mm/h,同时支撑梁面裂纹也变小,这说明 DL3 和 DL4 连同工程桩已经起到第二道水平内支撑的作用。这样分段施工至 1999 年 11 月,底板以下部分承台地梁全部完成,在底板下,通过地梁和工程桩形成一个相对刚性的水平内支撑系统,有力地保证了基坑工程的安全。

在从 1999 年 8 月恢复开工至 2000 年 8 月三层地下室施工完毕的一年施工过程中,经历了几次大的台风和暴雨考验,基坑支护系统始终稳定安全。

支护排桩测斜孔布置如图 13 所示。

监测结果表明:支护结构的水平支护位移均在可控范围内。其中北面 1 号测斜孔最大侧向位移为 34.1mm,东面 5 号测斜孔最大位移 43.4mm,南面 8 号测斜孔最大位移 43.5mm,西面 4 号测斜孔最大位移为 43.1mm,分别见图 14。这些监测结果均与计算结果十分相近。

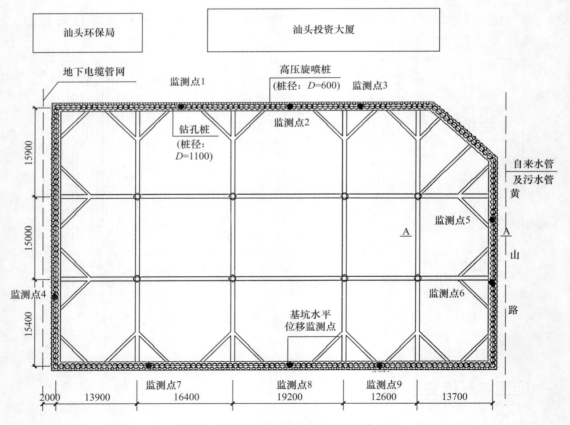

图 13 荣兴大厦基坑监测点布置示意图

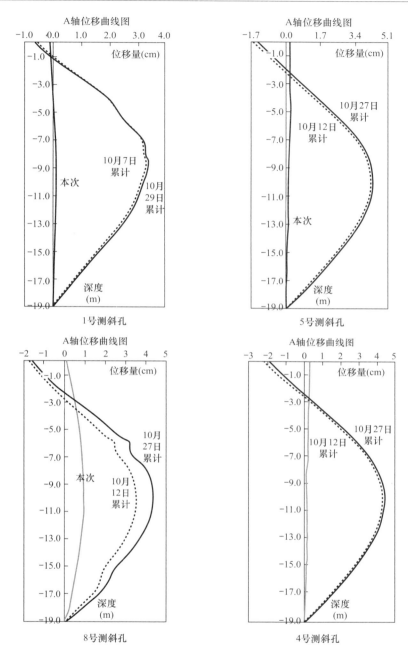

图 14　部分测斜孔监测成果（二）

6　结语

1）本工程基础及基坑支护的修改设计是成功的。原设计±0.000 以下包括工程桩和支护系统两部分。原两层地下室的施工预算造价为 2200 万元（按 1999 年造价标准）；修改后，增加了一层地下室面积，建筑面积为 3100m²，±0.000 以下包括工程桩、支护系统和三层地下室的总造价为 2180 万元，地下室的单方造价显著降低。

2）利用工程桩和地梁形成内支撑系统中最下面一道水平支撑，本工程进行了成功的探索。对于汕头地区这类滨海相沉积深厚淤泥层地质条件来说，有一定的借鉴意义。

3）在深而大的地下室开挖和施工过程中，同步采用信息化辅助监测是十分必要的。利用现场监测数据，能够及时了解基坑变形情况及变化趋势，调整设计和施工方案，使基坑稳定性和施工安全度更有保证。

参考文献：

[1] 史佩栋. 实用桩基工程手册 ［M］. 北京：中国建筑工业出版社，1999.

[2] JGJ 94—94 建筑桩基技术规范 ［S］. 北京：中国建筑工业出版社，1994.

[3] 袁名礼，文盘生. 高层建筑桩筏基础实用设计与分析 ［J］. 建筑结构. 1996，7：3-9.

[4] 催江余，梁仁旺. 建筑基坑工程设计计算与施工 ［M］. 北京：中国建材工业出版社，1999.

[5] YB 9258—97 建筑基坑工程技术规范 ［S］. 北京：冶金工业出版社，1998.

[6] GJB 02—98 广州地区建筑基坑支护技术规定 ［S］. 广州：广州建设委员会，1998.

腾瑞中心基坑支护设计

[摘要]：潮州市腾瑞中心位于潮州市东山大道与东兴南路交汇处，根据场地周边各区段不同的地质情况与环境情况，基坑采用了排桩＋预应力锚索＋高压旋喷桩、排桩＋高压旋喷桩、双排桩＋桩间高压旋喷桩等支护结构形式相结合进行挡土和止水。本文重点介绍排桩＋预应力锚索＋高压旋喷桩部分支护结构的设计，可供类似工程借鉴。
[关键词]：基坑支护；钢筋混凝土灌注桩；预应力锚索；双排桩；高压旋喷桩

1 工程概况及基坑周边环境

本工程位于潮州市东山区东山大道与东兴南路交汇处，上部为 40 层的超高层框架-核心筒钢筋混凝土结构，2 层地下室，基础采用冲孔（旋挖）灌注桩。东侧靠近山坡，西侧临江，南侧为市政道路，北侧为建设用地，东山大道与东兴南路有地下排水管道，但距基坑支护结构均大于 4m，基坑周边无建（构）筑物，基坑周长约 661.7m。基坑底面标高为 -9.400m～-11.200m，基坑顶面标高为 -3.700m～5.300m，开挖深度 7.5m～14.7m。

2 地质条件

2.1 场地特征

场地已平整，地形呈西低东高，各土层及岩土特征详见表 1。

岩土特性　　　　　　　　　　　　　　　　　　　　表 1

岩土层名称	顶面标高 （绝对标高）	层厚（m）	主要特性	分布情况
杂填土（①）	18.950～12.110	0.25～9.50	杂色，均匀性差，松散状	全场区分布
粉质黏土（②）	16.750～6.210	0.60～7.90	灰黄—浅土灰色，可塑状	大部分钻孔
淤泥（③）	9.350～3.010	1.40～14.20	灰黑色，流塑状	集中在场区西侧

岩土层名称	顶面标高 （绝对标高）	层厚（m）	主要特性	分布情况
细砂（③1）	4.000～3.190	0.91～2.10	浅土灰色， 稍密，饱和	局部分布
粉质黏土（④、⑤）	9.450～-9.410	0.40～9.10	灰黄—浅土灰色， 可塑—硬塑	半数钻孔
全风化凝灰岩（⑥）	15.480～-11.840	0.80～7.60	灰白—黄褐色	半数钻孔
强风化凝灰岩（⑦）	16.220～-14.930	0.60～23.50	灰白—黄褐色 岩芯呈半岩状，强度低	全场区分布
块状强风化凝灰岩（⑧）	14.240～21.280	1.40～49.59	灰白—黄褐色， 岩芯呈块状，强度较高	全场区分布

2.2 不良地质作用

场地地基为山坡地及山前冲沉积地，未发现地面沉降，岩溶、滑坡、危岩、崩塌、泥石流，采空区等不良灾害，未发现全新活动断裂等不良地质作用。

2.3 地下水

地下水类型为第四系砂层孔隙水及基岩裂隙水，场地第四系砂层孔隙水类型浅部为潜水，主要赋存于杂填土层，粉质黏土层、细砂层中，补给较小。勘察期间水位埋深介于1.05m～8.80m，高程介于9.29m～14.46m之间。

3 基坑支护方案选型

基坑侧壁安全等级南侧为一级，东、西两侧为二级，北侧为三级，基坑侧壁重要性系数 γ_0 相应为1.1、1.0、0.9。

基坑深度范围内存在杂填土、粉质黏土、淤泥、细砂、粉质黏土、全风化凝灰岩、强风化凝灰岩、块状强风化凝灰岩，南侧东山大道处表层填土较厚，最厚处达到9.5m，填土堆积时间较长，主要为粉质黏土夹砂土。基坑深度范围内土层不均匀，强度变化大，特别是西侧淤泥层，夹植物腐殖质多，普通水泥搅拌桩质量难以保证，所以基坑周边采用高压旋喷桩做一道止水帷幕。

综合考虑周边环境、基坑深度及工程地质条件，基坑支护结构西侧采用双排 $\phi800$ 钻孔灌注桩加桩间两排 $\phi600$ 高压旋喷桩、北侧采用单排 $\phi900$ 灌注桩加桩间单排 $\phi600$ 高压旋喷桩、东侧及南侧采用单排 $\phi1000$ 灌注桩加预应力锚索加桩间单排 $\phi600$ 高压旋喷桩。

基坑支护设计平、剖面图如图1～图5所示。

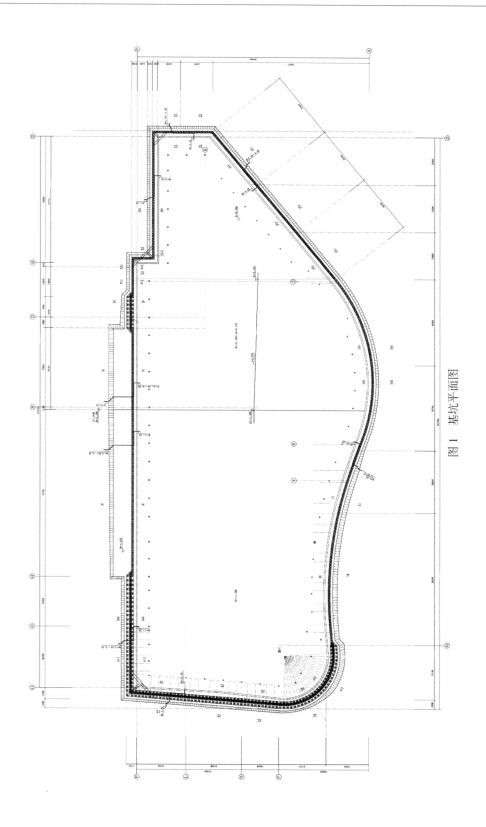

图 1 基坑平面图

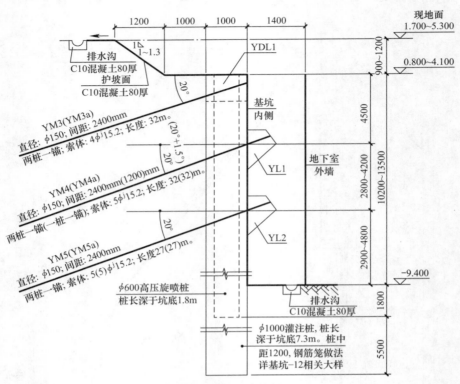

图 2 东侧区段支护剖面

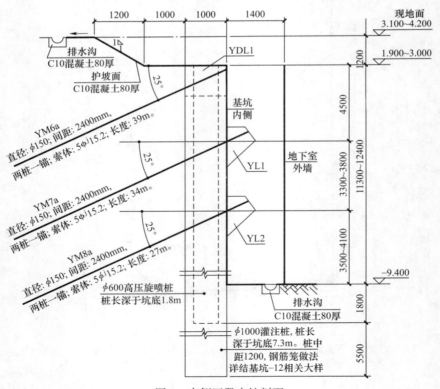

图 3 南侧区段支护剖面

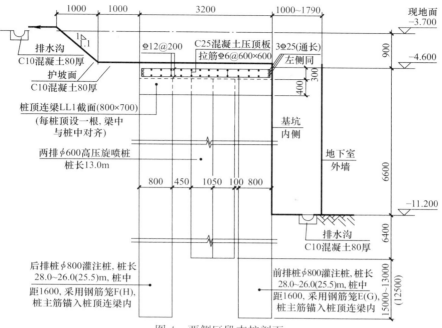

图 4　西侧区段支护剖面

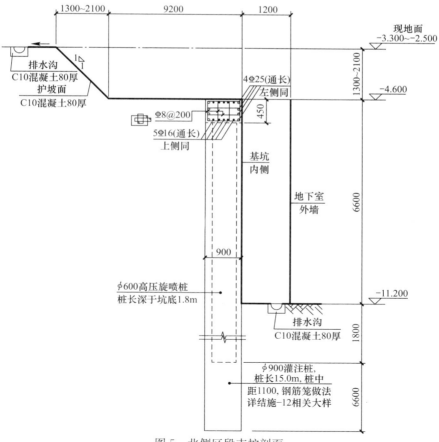

图 5　北侧区段支护剖面

3.1 西侧区段

基坑开挖深度 7.5m～9.2m，采用双排直径 ϕ800 灌注桩＋桩间两排 ϕ600 高压旋喷桩，灌注桩桩顶加 800mm×700mm 连梁和 300mm 厚压顶板，确保前后排桩受力的协调性。基坑顶部根据周边环境及土层情况放坡，坡高为 900mm～2300mm，双排桩中心距 1600mm～2000mm，桩排距 2400mm，桩长平均为 28.0m，桩间打两排 ϕ600 高压旋喷桩进行挡水，旋喷桩中心距 400mm，搭接 200mm，桩长 13.0m。

3.2 北侧区段

基坑开挖深度 7.9m～8.7m，采用单排 ϕ900 钢筋混凝土灌注桩＋单排 ϕ600 高压旋喷桩＋坑顶放坡，该区段相邻场地为预留建筑用地，坑外可放坡，坡高为 1300mm～2100mm，灌注桩桩距 1100mm，桩长为 15.0m，桩间打单排 ϕ600 高压旋喷桩止水，旋喷桩桩长约 8.4m。

3.3 东侧、南侧区段

基坑东侧、南侧区段开挖深度 11.1m～14.7m。该区段邻近主干道东山大道，为坡地，其标高变化较大，上覆较厚填土，变形控制要求高。采用单排 ϕ1000 钢筋混凝土灌注桩＋预应力锚索＋单排 ϕ600 高压旋喷桩＋坑顶放坡的支护形式，标高 2.0m、－2.5m、－6.0m 处设三道预应力锚索，灌注桩间打单排 ϕ600 高压旋喷桩进行止水，旋喷桩桩长约 12.0m～15.3m，即坑底以下 1.8m，锚索直径 ϕ150，预应力筋采用 1860 级高强低松弛钢绞线，入射角 25°，水平向两桩一锚，第一道预应力锚索为 5ϕ15.2，长度 39m，施工时张拉至 380kN 锁定，第二道预应力锚索为 5ϕ15.2，长度 34.0m，施工时张拉至 450kN 锁定，第三道预应力锚索为 5ϕ15.2，长度 27.0m，施工时张拉至 420kN 锁定。

4 南侧区段结构分析参数取值

下面重点介绍南侧区段单排 ϕ1000 钢筋混凝土灌注桩＋预应力锚索＋放坡的支护形式的设计情况。

4.1 基坑土层参数

基坑深度范围内的主要土层参数详见表 2。

岩土参数   表 2

土（岩）层	重度（kN/m³）	黏聚力（kPa）	内摩擦角 φ（°）	与锚固体、土钉极限摩阻力（kPa）
杂填土（①）	17.5	8.0	12.0	30
粉质黏土（④）	17.6	15.0	11.0	45
粉质黏土（⑤）	18.5	20.0	14.0	50
全风化凝灰岩（⑥）	20.0	30.0	25.0	60
强风化凝灰岩（⑦）	21.0	25.0	30.0	100
块状强风化凝灰岩（⑧）	21.0	25.0	30.0	100

该区段为山坡地，上覆填土厚度为 6.0m～9.5m，主要是修建东山大道时回填土为粉质黏土夹砂土，填土时间较长，已完成大部分固结，土体较稳定。

4.2 地下水位

取为地面以下 2.5m，由于是山坡地段，地下水位取值按实际地面标高往下 2.5m。

4.3 土压力计算

根据《建筑基坑支护技术规程》JGJ 120—2012 计算土压力，按不同土层采用水土合算或水土分算。基坑开挖面以上土压力采用三角形分布形式，开挖面以下采用矩形分布形式。

4.4 地面超载

出土口范围考虑 $30kN/m^2$；其余范围考虑 $15kN/m^2$。

4.5 灌注桩参数

该区段灌注桩直径 1.0m，间距 1.2m，桩入土深度一般为基坑底以下 7.3m，平均桩长约 20.5m，桩端进入块状强风化凝灰岩不少于 1.5m。

4.6 施工顺序

平整场地至设计基坑顶面标高→灌注桩施工→旋喷桩施工→挖土至桩压顶梁底→压顶梁施工→施工第一道锚索并施加预应力→继续挖土至第一道腰梁底→施工第一道腰梁及第二道锚索并施加预应力→继续挖土至第二道腰梁底→施工第二道腰梁及第三道锚索并施加预应力→继续开挖至基坑底。

5 南侧区段结构分析方法

5.1 设计软件选择

单元计算采用理正岩土设计软件"深基坑支护结构设计软件7.0"。

5.2 工况说明

工况一：平整场地至 2.0m 标高
工况二：施工压顶梁及第一道锚索
工况三：开挖至-2.5m 标高
工况四：施工第一道腰梁及第二道锚索
工况五：开挖至-6.0m 标高
工况六：施工第二道腰梁及第三道锚索
工况七：开挖至基坑底标高

5.3 南侧区段主要分析结果

基坑整体稳定，灌注桩的嵌固深度、灌注桩的受力及变形、锚索的受力及变形等主要分析结果均能满足规范要求。其中水平位移计算值为 28.83mm，地面沉降量计算值为 20.0mm，整体稳定安全系数 1.31，抗倾覆安全系数 1.49，灌注桩最大弯矩 955kN，最大剪力 450kN，锚索最大拉力为 462kN，均小于其设计承载力，基坑安全。

6 基坑监测及应急预案

该区段基坑侧壁的安全等级为一级，应对基坑支护结构及周边建筑物、道路、地下管线、地下水位等进行第三方监测与施工监测，并要求施工单位在施工组织设计中必须制定可行、有效的应急预案。施工过程中当基坑支护结构变形过大时，可考虑采取基坑内填土反压坑脚或基坑外侧挖土卸载等常规处理措施，待基坑稳定后再作妥善处理。

7 结语

本基坑设计综合考虑周边环境、地质条件，特别是南侧东山大道距基坑较近，对变形敏感，其下覆填土厚度等特点，合理采用支护结构形式，确保基坑安全。

截至笔者完成本文时，该基坑已施工大部分，局部区域已开挖至基坑底，从基坑现状与监测数据看，基坑止水效果良好，南侧支护结构顶部最大水平位移为 15.0mm，基坑最大沉降为 8.0mm，符合设计预期。

参考文献：

［1］ JGJ 120—2012 建筑基坑支护技术规程 ［S］. 北京：中国建筑工业出版社，2012.
［2］ 广东核力工程勘察院. 潮州市腾瑞中心场地岩土工程勘察报告 ［R］. 2014.

汕头尚海阳光项目基坑工程设计

程少彬

（汕头市建筑设计院，广东　汕头　515041）

[摘要]：汕头尚海阳光项目基坑为一软土地区两层地下室复杂基坑工程，场区存在深厚淤泥层，周边紧邻市政道路，浅部存在大量管线。根据地质情况和基坑周边环境条件，沿基坑周边分别采用双排钻孔桩、单排钻孔桩、局部角撑等不同支护形式，同时针对不同位置的具体情况设置了一定数量的预应力锚索，对变形敏感位置基坑内被动区软土采用土坡反压和粉喷桩加固以减少支护结构的内力和变形。止水做法结合支护结构的做法采用水泥搅拌桩、旋喷桩。本工程在同一场区基坑因地制宜，采用不同支护形式，在软土地基上大范围采用预应力锚杆并取得理想效果，改善了支护桩受力、减少变形，经济效益显著，可在设计、施工方面为本地区其他类似基坑工程采用预应力锚杆提供借鉴。

[关键词]：软土地区；复杂基坑工程；不同支护形式；预应力锚杆

1　周边环境和水文地质情况

尚海阳光项目位于汕头市 42 街区，由 20 幢 32～40 层的高层住宅组成，两层地下室，基坑开挖深度 7.6m，基坑边主楼范围内承台成片超深开挖，开挖深度按 8.6m 考虑。基坑周边条件复杂，基坑安全等级为二级，平面 436m×258m（图 1），总边长约 1200m，是当时（2011 年）本地区开挖面积最大的基坑。

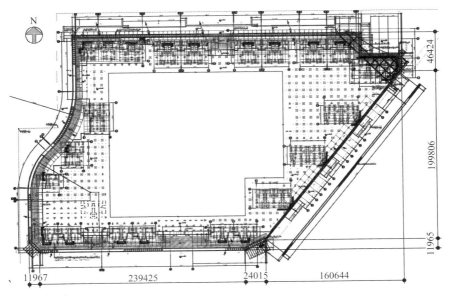

图 1　基坑平面图

1.1　周边环境情况

基坑东面为一斜边，地下室外墙离建筑红线 4.0m，该侧规划路尚未完工，自基坑边向路中线依次埋设给水、电信、煤气、雨水、污水、电力等管线，其中有一临时高压电缆离地下室外墙最近处仅 3.0m，管线的埋深为 0.8m～2.4m。规划路另外一侧为黄厝围沟景观绿化带，将与本项目同期建设。

基坑南面地下室外墙离建筑红线 16.8m，该侧区间路东段经业主申请作为施工临时堆场，自基坑边向路中线依次埋设各种管线，其中给水管最近离地下室外墙 14.35m。区间路另一侧为本项目待建公寓地块和另一两层地下室的已建小区。

基坑西面为两相切弧边，地下室外墙离建筑红线最近 24.0m，该侧规划路仍未铺设管线，规划路另一侧为已建高层住宅区和办公楼，分别为一层、两层地下室。

基坑北面地下室外墙离建筑红线 20.0m，该侧人行道未施工，邻近基坑暂未发现管线，人行道以外是 30m 宽的韩江路，路对面为已建高层住宅区。

基坑东北角内凹位置为项目已建售楼处，采用高强混凝土预应力管桩基础，地下室外墙离售楼处 8.0m。

1.2　水文地质条件

场区位于韩江三角洲冲积平原前缘，属于滨海低地，场区原为塭地，现已回填素填土和杂填土。场区岩土层自上而下依次为：①素填土、杂填土层，层厚 1.30m～6.20m；②淤泥层，层厚 0.40m～5.30m，饱和，流塑态；③粉砂层，层厚 0.60m～6.30m，灰色，饱和，松散—稍密状；④淤泥层，层厚 25.70m～37.00m，灰褐—暗灰色，饱和，流塑；⑤含泥砂土、黏性土层，层厚 0.50m～11.60m；⑥砂土层，层厚 0.30m～18.60m，呈中密—密实状；⑦砂质黏性土，层厚 0.40m～5.40m，灰黄～灰绿等杂色，可塑—硬塑态，为花岗岩风化残积土；⑧强风化花岗岩带；⑨中风化花岗岩带。主要土层参数详见表1。

主要土层参数　　　　　　　　　　　　　　　　　　　　表1

参数 \\ 土层	重度 γ (kN/m³)	含水量 w(%)	孔隙率 e	液性指数 I_L	标贯击数 N（平均值）	黏聚力 c(kPa)	内摩擦角 φ(°)
①杂填土	17.5	—	—	—	8.6	6	26
②淤泥	16.2	62.60	1.72	1.62	—	9.8	5
③粉砂	17.5	—	—	—	10.1	2.5	27.5
④淤泥	16.4	56.29	1.56	1.26	—	13.8	6.5
⑤含泥砂土	18.5	—	—	—	23.3	3	28

孔隙潜水赋存于第①、③土层中，补给来源为大气降水，受季节及气候制约，水位不稳定，勘察期间，测得场区地下水综合稳定水位埋深 0.3m～3.0m；孔隙承压水赋存于第⑤、⑥砂土层中，第⑥土层承压水位埋深 3.0m。

2　基坑支护结构选型

基坑周边环境复杂，开挖面积大，开挖深度 7.6m～8.6m，开挖面以下存在深厚的淤泥层，支护结构的受力、变形要求比较严格。本地区这个开挖深度的基坑一般采用双排桩支护形式，当基坑开挖面以下为淤泥层而未采取其他有效措施时，双排桩支护结构的变形往往达到 20cm 以上，这在周边环境要求比较严格的情况下是不允许的，而且过大变形也可能会推动挤压坑内土体引起工程桩倾斜。此时为确保基坑安全，可结合场地条件采取坑内被动土加固、土坡反压、坑顶放坡卸荷等措施，必要时为了进一步改善支护结构的受力和变形，在适当位置增设内支撑或锚索。本工程基坑设计时综合考虑了上述因素，除了东面斜边由于空间限制，其他位置均采取双排桩支护结构，并视具体位置的情况，采取了不同的加强措施。

基坑东面斜边采用单排钻孔桩＋2 道（或 3 道）预应力锚索支护结构＋桩间旋喷桩止水形式（图 2a、图 3a），最上面一道锚索在基坑顶以下 2.0m，倾角 15°，刚好避开所有的管线。第一道锚索部分杆体，第二、三道锚索绝大部分杆体均处于淤泥层中，锚索长度接近 27.0m，淤泥层能够提供的侧阻力有限，考虑到该侧基坑的敏感性，为了确保锚索有可靠的承载力，在钻孔桩外侧 20.85m 处设置 4 排 $\phi600$ 水泥搅拌桩锚固体，要求锚索端部 600mm 直径扩大头穿过锚固体 1m，锚索抗拔承载力特征值 R_{at} 按 220kN、240kN 考虑。

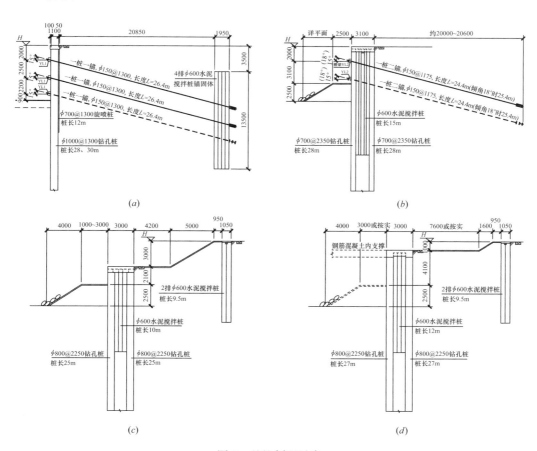

图 2　基坑剖面示意
（a）基坑东面；（b）基坑南、西面；（c）基坑北面；（d）基坑东、北角

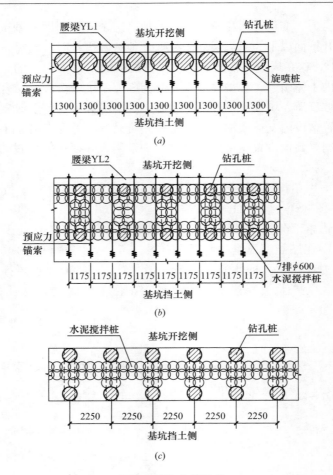

图 3 基坑大样示意

(a) 单排钻孔桩＋预应力锚索；(b) 双排钻孔桩＋预应力锚索；(c) 双排钻孔桩

基坑南、西两面地下室以外裙楼基础埋深为 1.2m，靠近地下室外墙的主楼承台面降至底板面标高，因此无法采取将支护结构移至靠近地下室外墙，只能将支护结构退至主裙楼以外靠近临时板房及材料堆场位置，坑外无法预留足够的放坡空间。支护结构采用双排钻孔桩、水泥搅拌桩组合＋1～2 道预应力锚索支护结构形式（图 2b、图 3b），双排钻孔桩、水泥搅拌桩组合结构中钻孔桩每榀间距为 2.35m，钻孔桩作为组合结构中的加强体以增强其整体抗弯能力，弥补水泥搅拌桩长度的不足，以满足支护体整体稳定性、抗倾覆、抗隆起验算要求。同时，基坑内利用裙楼平面范围内土体放坡反压，采用双向间距 1.0m 的 $\phi600$ 粉喷桩对坡体进行加固以确保其稳定有效。

基坑北面的情况和南、西两面的情况接近，采用分级放坡＋双排钻孔桩支护结构＋水泥搅拌桩止水帷幕形式（图 2c、图 3c），双排桩每榀间距为 2.2m，支护结构内移到靠近地下室外墙的两排裙楼柱之间，利用坑外放坡将支护结构顶降到现地面以下 3.0m，这样在减小支护结构悬臂高度的同时也减小了挡土侧的主动土压力，因此支护结构不设置锚索也能够满足受力和变形要求。

基坑东北角采用双排钻孔桩＋钢筋混凝土内支撑支护结构＋水泥搅拌桩止水帷幕形式

（图 2d）。支护结构紧靠已建的三层售楼处，基坑内对应位置的 1、2 栋主楼承台成片超深开挖，实际开挖等效深度接近 9m。靠近售楼处两边由于支护结构贴近建筑物，避开管桩有难度，无法采用放坡或锚索来改善支护结构的受力。按本地区工程经验，双排桩支护结构开挖深度达到 9m，如没有采取其他有效措施，其受力和变形难以满足设计要求，而且售楼处采用抗侧刚度较小的管桩基础，不允许支护结构出现大的变形。经分析对比，利用售楼处内凹角在支护结构顶加设两组角撑，能够有效控制支护结构的内力和变形。该位置东侧斜边单排钻孔桩＋预应力锚杆支护结构顶部由于设置了角撑，取消了最上面的一道锚索。

3 锚索的设计施工情况

3.1 锚索的设计

根据地质剖面，第一道锚索锚固段索体在松散～稍密粉砂层（第③层），第二、三道锚索索体基本上位于流塑状淤泥层（第④层）中，除了东面斜段锚索端部的水泥搅拌桩锚固体能够提供比较可靠的拉力外，其余位置只考虑锚索起减小双排桩支护结构内力、变形的作用。为了使锚索尽可能在填土层或粉砂层中提供较高的承载力，锚索按较小的倾角15°设计。基坑南、西面锚索采用一榀桩二锚，锚索水平间距 1.175m，在端部形成长度 1.0m 直径 0.6m 的扩大头，相邻锚索按 15°、18°间隔成孔以避免群锚效应。综合上述因素，根据不同地质剖面、锚索长度和锚固体所处土层层位，基坑南、西面锚索抗拔承载力特征值 R_{at} 按 160kN 取值，东面锚索抗拔承载力特征值 R_{at} 分别按 220kN、240kN 取值，并采用相对较低的锁定力（承载力特征值的 50%～75%），后期锚索试验和基坑变形发展反映这种考虑是合理的。

3.2 锚索施工

锚索施工采用二次注浆工艺，第一道锚索的孔口在现地面以下 2.0m，位于地下水位以上的填土层中，填土层夹杂大量的黏土；第二道锚索孔口在现地面以下 4.5m、5.1m，位于地下水位以下的淤泥土层中，水压不大。因此，施工第一、二道锚索时，采用泥浆循环护壁成孔基本上能够保证施工正常进行。

第三道锚索在现地面以下 6.7m，孔口位于粉砂层中，水头接近 4.0m，参照上面两道锚索采用泥浆循环护壁成孔工艺，出现严重的涌砂、涌水现象。经现场相关单位研究确定，采用钻机在桩间旋喷桩上钻出几十厘米深导孔后，外接钢导管，导管长度以不出现明显涌砂、涌水现象为准，导管和锚孔间空隙采用旧棉块浸泡水泥浆后堵塞，待水泥浆凝固后采用常规的泥浆护壁工艺成孔。

采取导管平衡水压工艺施工后，接长导管内泥浆压力平衡了一部分地下水压力，减少了涌砂、涌水现象，但由于第三道锚索的开孔深度大，外伸导管长度影响了现场机械的移机，而导管孔口棉块也经常被水压冲开需要停钻封堵。采用导管施工方法在现场无法大范围开展，也无法从根本上杜绝涌砂、涌水现象，最终第三道锚索调整为采用全套管成孔工艺施工，套管隔断了粉砂层中水压力对锚孔的作用，保证了锚索正常施工，只是在清孔后第一次注浆过程边注浆边退管，浆体未来得及填充退管留出的空隙时，粉砂在水压作用下沿着空隙流出，并形成涌砂、涌水通道。后经施工单位及时调整粉层中的退管速度，采用棉块堵塞套管和孔口之间孔隙后，才有效控制第三道锚索施工过程的涌砂、涌水量，确保施工安全。

3.3 锚索的检测

考虑到本地区在软弱土层中首次大范围使用预应力锚索，为确定锚索承载力和参数取值的合理性，同时为锚索设计、施工提供依据，在全面施工前分别选取了 3 根锚索进行基本试验和蠕变试验。

锚索基本试验、验收试验汇总　　　表 2

检测根数		长度 (m)	R_{at} (kN)	R_{st} (kN)	最大上拔量 (mm)	残余上拔量 (mm)	总弹性位移量 (mm)	$0.8\Delta L_1$ (mm)	ΔL_3 (mm)
基本	1	24.4	160	275	43.13	11.94	31.19	16.77	53.1
	1	24.4	160	275	42.35	13.39	28.96	16.77	51
	1	31.5	220	375	120.98	24.5	96.48	19.1	87.15
验收	18	24.4、25.4	160	200	20.21～51.11	4.73～15.96	12.05～35.15	10.18、12.21	38.66
	1	29	240	300	35.88	9.14	26.74	15.26	64.89
	25	21.6、22.6	160	200	16.87～46.29	3.58～15.00	9.21～36.23	10.18、12.21	33.84～36.39
	11	31.5、31.9	220	275	22.41～66.24	9.18～17.83	13.23～49.48	11.17、13.97	61.99～64.43

注：ΔL_1 为从初始荷载至最大试验荷载，锚索自由段长度理论弹性伸长值；ΔL_3 为从初始荷载至最大试验荷载，锚索自由段长度与 1/2 锚固段长度杆的理论弹性伸长值。

表 2 基本试验的结果反映 3 根锚索只有一根能够满足要求，另外一根只达设计水平的 90%，还有一根加载到一半被整体拉出破坏。经检查施工记录，试验 3 根锚索的龄期只有 7d～10d，在软土地区远未达到可以进行试验的龄期要求。同时由于砂浆泵的问题，锚索第一次注浆过程中多次因塞管中断注浆，注浆时间过长使水泥砂浆出现离析，砂沉积在锚杆中下段，影响了试验锚索质量。正式施工时更换砂浆泵，适当调整水泥砂浆的水灰比以保证第一次注浆能够连续进行（部分锚索第一次注浆调整采用纯水泥浆注浆），在调整后的锚索中重新选择 3 根锚索进行基本试验，均能满足设计要求。

基坑施工过程锚索随施工、开挖逐层进行锚索的验收试验，1187 根锚索一共选择了 55 根锚索进行抗拔试验（表 2），均能满足设计要求。

4 基坑内反压土坡作用

基坑南、西、北三边利用地下室外墙和支护结构间的裙楼范围进行放坡开挖（图 2 (b)、(c)），坡体中下部位于淤泥层中，按本地区工程经验即使坡率达到 1∶3 仍无法完全保证坡体稳定。裙楼工程桩为抗侧刚度、承载力较弱的高强混凝土预应力管桩。因此，为了避免坡体滑动损伤工程桩，同时对支护结构提供一定的反压作用，本工程沿基坑边留置 2.5m～3.5m 高原状土放坡开挖，坡顶修出 0m～3.5m 平台段，采用 φ600 粉喷桩对坡体进行加固。粉喷桩从坡面起计 6.5m 长，双向间距为 1.0m。

通过降低坡体高度和采用粉喷桩进行加固后，土坡对支护结构的反压作用可靠和有效，参考文献［4］，放坡的基底宽度 D_0 和高度 h 的关系（图4）如下式：

$$D_0 \geqslant \frac{K_p \gamma h}{2c + h\gamma \tan\varphi} \qquad (1)$$

式中，D_0、h 为反压土坡底面宽度和土坡高度，m；K_p 为被动土压力系数；γ 为土体重度，kN/m³；c、φ 为土体的黏聚力（kPa）和内摩擦角。

根据放坡的基底宽度 D_0 和土体强度指标反算的土坡高度 h 可认为是反压土坡能够减小的基坑计算深度值，本工程计算的土坡高度 h 大于 1.5m。基坑设计时，支护结构受力、变形计算的等效开挖深度偏安全按减小 1.0m 考虑，而对于基坑抗倾覆、抗滑移、整体稳定性等指标则不考虑反压土坡的作用。

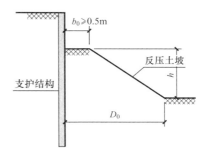

图4　反压土坡示意

5　基坑变形情况

根据工程基坑变形监测报告，从 2011 年 8 月开始，到 2012 年 5 月地下室顶板完成后基坑周边回填，基坑东面斜边冠梁顶水平位移为 7.8mm～94.9mm，最大位移值发生在 35 号观测点；南面冠梁顶水平位移为 33.9mm～84.4mm；西面冠梁顶水平位移为 15.1mm～66.0mm；北面冠梁顶水平位移为 26.7mm～117.3mm，基坑外离开双排桩支护结构约 9m 的上一级水泥搅拌桩冠梁顶水平位移为 22.0mm～60.9mm；东北角角撑支护结构范围内冠梁顶水平位移最大值为 24.0mm。

基坑周边道路的沉降结果反映，基坑东面斜边平均 99.9mm，最大值发生在 38 号观测点（靠近 35 号水平位移观测点），地面最大沉降量达 193.34mm；东面道路的沉降平均 96.41mm；西面道路的沉降平均 67.63mm；北面道路的沉降平均 84.35mm。

根据基坑冠梁顶水平位移观测和周边道路沉降观测结果，坑周边一共有 63 个水平观测点，其中有 29 个超过设计限值（50mm）的要求，坑外道路面的沉降量也偏大，这主要是施工单位没有按照设计要求采取分层、分块开挖施工，采取大面积开挖，使整个基坑开挖后暴露的时间过长，同时西、南面靠近基坑边布置钢筋堆放场，超载严重。对比基坑不同位置的变形，北面双排桩支护结构无设置预应力锚索，即使坑顶采取放坡卸荷措施，但整个基坑冠梁顶水平位移最大值仍发生在该侧的中段；相比之下，南面、南面双排桩支护结构上锚索长度仅 24.4m、25.4m，能提供的反力有限，承台施工过程超深开挖、坑顶超载，基坑的变形仅略超限值要求，这反映预应力锚索、反压土坡都能够有效减小支护结构的变形。

基坑东、南、西三面基坑冠梁顶有几个观测点水平位移较大，主要由于第 2、3 道锚索施工过程出现涌砂、涌水现象导致基坑挡土侧土体脱空引起。以东侧 6 幢主楼附近 35 号观测点为例，第 3 道锚索施工前基坑超挖接近坑底，第 24 次观测基坑冠梁顶水平位移为 34.0mm，第 3 道锚索开孔过程出现严重的涌砂、涌水现象，坑外砂土出现大量流失，邻近地面出现明显沉陷，这引起基坑变形骤然增大，第 25 次观测（间隔 5 天）该点水平位移增至 80.3mm。经过在地面沉陷范围采用碎石土和 C10 混凝土分层回填，锚索改用套管成孔后，涌砂、涌水现象减轻，基坑变形趋近稳定。35号观测点最后水平位移量稳定在94.9mm，接近变形限值1.9倍，此时，锚索、支护结构是否安全，应进行分析后方可确定采取什么安全措施。

6 东侧斜边支护结构内力、变形分析

东侧基坑6幢主楼基坑施工过程由于锚索施工过程涌砂、涌水，出现大的变形，经现场勘察，基坑外地面沉陷量虽然大，但主要影响支护桩以外5m～8m范围内地面。根据对涉及范围已施工的第1、2道锚索进行试张拉，拉力损失不大，且较为稳定，初步判断从锚孔涌出的砂主要来自上层锚索自由段周边砂土，对锚固段影响较小。虽然涌砂、涌水可能对已施工锚索受力影响不大，但由于支护结构顶点的变形超出限值较大，通过该位置测斜孔CX6的数据（图5）拟合桩身变形曲线的斜率（式（2）、式（3）），并按式（4）计算支护桩的桩身弯矩（图6），以判断支护桩本身承载是否能满足要求。

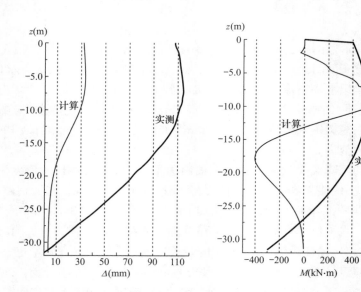

图5 计算、实测桩身变形曲线　图6 计算、实测桩身弯矩曲线

$$u(z) = 106.395 - 0.00247z - 1.62293 \cdot 10^{-7}z^2 + 4.42444 \cdot 10^{-12}z^3 + 1.18538 \cdot 10^{-16}z^4 \tag{2}$$

$$\kappa(z) = \frac{u(z)''}{(1 + u(z)'^2)^{\frac{3}{2}}} \tag{3}$$

$$M(z) = \kappa(z) \cdot EI \tag{4}$$

式中，$M(z)$为支护桩计算位置的桩身弯矩，$kN \cdot m$；$\kappa(z)$为支护桩计算位置的桩身曲率；EI为桩身弯曲刚度，$kN \cdot m^2$。

根据原设计理正基坑软件计算结果，支护桩桩身最大正弯矩值$M_{max,k} = 628.2 kN \cdot m$（支护桩开挖侧受拉为正弯矩、受压为负弯矩），出现在桩顶以下8.5m；桩身最大负弯矩值$M'_{max,k} = 403.7 kN \cdot m$，出现在桩顶以下17.0m位置。测斜孔的位移曲线见图5，拟合

的曲线详见式（2）、图6，桩身弯矩可由桩身曲率 $\kappa(z)$ 和弯曲刚度 EI 计算，桩身最大正弯矩值 $M_{max,k}=589.1\text{kN}\cdot\text{m}$，出现在桩顶以下 11.0m 位置，根据桩身配筋反算，支护桩截面抗弯承载力能够满足要求。

冠梁顶水平位移接近变限值 1.9 倍，支护桩桩身弯矩仍未超过原设计桩身承载力水平，主要是以下两方面原因：（1）深厚淤泥中支护桩被动土压力区能够提供的抗力有限；（2）锚索蠕变试验也反映淤泥中的锚索在长时间拉力作用下刚度偏弱，因此支护桩有整体向基坑内倾斜或平移的趋势，桩身曲率、弯矩比理论计算值小。根据以上分析，虽然东侧基坑 6 幢主楼范围支护结构的水平位移偏大，但原设计支护桩桩身承载力仍有一定余地，该位置坑外地面沉陷范围经回填处理和调整锚索施工工艺后是安全的，在加强监测的前提下，可进行后继的锚索施工及土方开挖。

7 结语

尚海阳光项目基坑为一软土地区两层地下室复杂基坑工程，场区存在深厚淤泥层，周边紧邻市政道路，浅部存在大量管线，根据地质情况和基坑周边环境条件，采用双排钻孔桩、单排钻孔桩、局部角撑等不同支护形式，同时针对不同位置设置了一定数量的预应力锚索，对变形敏感位置基坑内被动区软土采用土坡反压和粉喷桩加固以减小支护结构的内力和变形。止水做法结合支护结构的做法采用水泥搅拌桩、旋喷桩。

本工程在同一场区基坑因地制宜，采用不同支护形式，并在软土地基上大范围采用预应力锚索，能有效改善支护桩受力、减小变形，经济效益显著，并在锚索施工过程中及时调整施工工艺避免出现涌砂、涌水现象，也通过锚索的基本试验、蠕变试验、验收试验积累了大量的锚索抗拔试验数据，可在设计、施工方面为本地区其他类似基坑工程采用预应力锚索提供借鉴。

参考文献：

[1] JGJ 120—2012 建筑基坑支护技术规程 [S]. 北京：中国建筑工业出版社，2012.
[2] DG/TJ 08—61—2010 基坑工程技术规范 [S]. 上海：上海市建筑建材业市场管理总站，2010.
[3] JGJ 94—2008 建筑桩基技术规范 [S]. 北京：中国建筑工业出版社，2008.
[4] 刘建航，侯学渊. 基坑工程手册 [M]. 北京：中国建筑工业出版社，1999.

猛狮国际广场基坑支护设计简介

庄泽龙

（广东南雅建筑工程设计有限公司，广东　汕头　515041）

[摘要]：猛狮国际广场基坑平面尺寸 110.6m×110.6m，开挖深度 12m，采用排桩加二道钢筋混凝土圆环内支撑（直径 100m）。

[关键词]：基坑支护；排桩；内支撑；环形梁；被动区加固；截水帷幕

1　基坑周边环境概况

汕头市猛狮国际广场位于汕头市澄海区广益路与 324 国道交界处，西南朝向广益路，东南朝向 324 国道，东北朝向澄海卜蜂莲花超市。基坑东侧有高压电缆、通信电缆及给水管线，西侧有临时厂房，北侧有燃气管线，南侧有污水管。场地（基坑外）平整后的标高约为 -0.400m。基坑底面标高为 -12.400m，开挖深度 12m。基坑开挖现场见图 1。

图 1　基坑开挖现场

2　地质概况

地下各土层自上而下依次简述如下：①杂填土、耕表土，灰黄～灰褐色，层厚 1.70m～3.15m；②淤泥，深灰色，流塑，高压缩性。含腐殖质及少量细砂粒，层厚 0.60m～1.40m；③细砂：灰—深灰色，饱和，松散—稍密，以细砂粒为主，含有机质及少量泥质，层厚 2.70m～5.60m；④淤泥，深灰色，流塑，高压缩性。含腐殖质、粉砂团包及少量贝壳碎片，中上部分布有厚度为 0.80m～1.30m 的灰黄色稍密状细砂，层厚 12.40m～16.85m；⑤黏土，灰黄色，可塑，中压缩性，由黏粒和少量中细砂粒组成，黏性强，层厚 0.55m～2.90m；⑥中砂，灰白色，饱和，中密—密实，级配良好，含少量泥质，层位分布稳定，层厚 1.90m～4.60m；⑦黏土，灰黄色，可塑，中压缩性。由黏粒和少量中细砂粒组成，黏性强，局部夹薄层粉质黏土，层厚 2.95m～6.65m；⑧淤泥质土，深灰色，流塑，高压缩性，局部无此层，层厚 0m～4.95m；⑨中砂，灰—灰白色，饱和，密实，级配良好，含少量泥质，层厚 0.45m～8.85m；⑩淤泥质土：深灰色，流塑，高压缩性。由黏粉粒组成，富含腐殖质，层厚 2.05m～8.45m；⑪黏土，灰—灰黄色，可塑，中压缩性，由黏粒和少量细砂粒组成，黏性强，局部夹薄层粉质黏土，局部本层下部分布有厚度为 2.25m～4.30m 的灰—灰白色密实状中砂，层厚（含中砂层）1.45m～8.70m；⑫淤泥质土，深灰色，流塑，高压缩性，由黏粉粒组成，含腐殖质，局部含粗砂团包，层厚1.00m～6.70m；⑬黏土、中砂，灰—灰黄色—灰白色，本层以黏土为主，由黏粒和少量中细砂粒组成，黏性强，局部夹薄层粉质黏土，可塑，中压缩性；中砂层次之，级配良好，含少量泥质，饱和，密实，层厚0.80m～4.25m；⑭黏土，深灰色，软塑—可塑，高—中压缩性，由黏粉粒组成，黏性强，含腐殖质，局部夹薄层粉质黏土，层厚9.70m～20.20m；⑮粗砂，灰—灰白色，饱和，密实，级配良好，石英砾石约占10%，含泥质，层厚0.70m～5.30m；⑯黏土，灰—青灰色，可塑为主，局部硬塑，中压缩性，由黏粒和少量细砂粒组成，黏性强，局部夹薄层粉质黏土，层位分布稳定，本层未揭穿，揭露层厚0.50m～5.10m。

3 基坑支护结构安全等级

基坑安全等级为一级，支护结构合理使用年限为1年。支护桩桩顶水平位移变形控制值为30mm，支护桩桩顶水平位移报警值为24mm。基坑周围地面沉降变形控制值30mm。

4 基坑支护结构形式

排桩设钢筋混凝土圆环内支撑（二道），坑内采用深层搅拌桩坑底被动区加固。基坑平面图见图2。

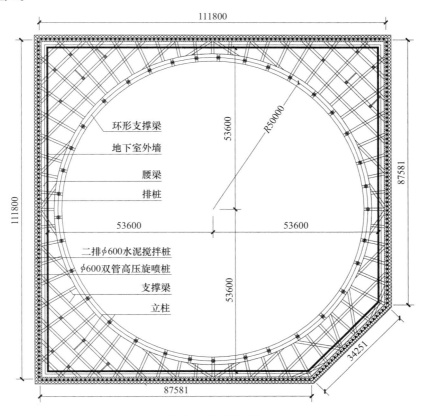

图 2　基坑平面图

5 结构布置

5.1 排桩

采用单排 ϕ1200 钻孔灌注桩，桩中心距约 1.4m，桩端持力层为第⑨层中砂层或第⑪层中砂层（当第⑨层中砂厚度小于 2m 时，选用第⑪层中砂层为桩端持力层），要求桩（全断面）进入持力层 1.2m，桩顶标高－2.200m，有效桩长约 32m～46m，共 311 根。

5.2 钢筋混凝土内支撑体系

1）基坑内布置两道钢筋混凝土内支撑，内支撑梁中心线标高分别为－1.700m、－6.400m，圆环内支撑（直径 100m）。

2）立柱采用钢格构柱，采用钻孔灌注桩作为基础，桩端持力层为第⑨层中砂层或第⑪层中砂层，要求桩（全断面）进入持力层不少于 1m，共 50 根。其中圆环内支撑采用 ϕ1200 钻孔灌注桩支承，共 35 根，桩顶标高－7.000m（出土口处为－2.200m），角撑采用 ϕ1000 钻孔灌注桩支承，共 15 根，桩顶标高－12.400m。

3）腰梁支承柱采用 ϕ800 钻孔灌注桩，桩端持力层为第⑥层中砂层。桩顶标高－7.000m，桩端全截面进入持力层不少于 1m，共 2 根。

5.3 被动区加固

坑底被动区局部采用 ϕ600 水泥搅拌桩加固，桩中心距 0.5m，桩长 4m，桩顶标高－12.400m，加固范围 4.1m 宽。

5.4 截水帷幕

1）排桩外侧采用两排 ϕ600 水泥搅拌桩作截水帷幕，桩中心距 0.40m（0.45m），桩顶标高－0.600m，桩长 18m，施工时应采取有效措施确保桩水平位置偏差不超过 20mm，垂直度偏差不超过 0.5%。

2）在排桩外侧两桩之间均采用 ϕ600 双管高压旋喷桩作加强截水帷幕。桩顶标高－2.200m，要求桩（全断面）进入第⑦层黏土层不小于 1m，有效桩长约 24.8m～28.4m。共 311 根。

5.5 加设水泥土墙

电梯处深承台四周加设水泥土墙。

5.6 基坑排水

基坑内采用井点降水，水位降至－13.000m。基坑外采用明沟排水；应保护基坑四周既有建筑物排水排污系统，防止出现渗漏。未经同意，基坑外不得采用降水措施。开挖及地下室施工过程坑内外水位变化应为基坑监测必测项目。

6 材料

6.1 混凝土强度等级

桩为 C30。冠梁、第一道内支撑梁为 C35。第二道内支撑梁、腰梁为 C40。压顶板为 C20。

6.2 钢筋

纵筋采用 HRB400，箍筋采用 HRB335、HPB300。

6.3 水泥搅拌桩

采用 32.5R 水泥，水泥掺入比 18%。

6.4 双管高压旋喷桩

采用 32.5R 水泥。

6.5 钢格构柱

钢材采用 Q345 钢。

7 提出施工要求、基坑监测要求

1）要求施工单位应对基坑支护图纸及现场环境深入了解，编制切实可行的施工组织设计及有效的应急预案。确保基坑施工过程与设计工况要求保持一致。

2）根据规范及设计要求提出基坑第三方监测与施工监测要求，为基坑动态设计与信息化施工提供可靠监测信息。

8 实施情况

本基坑于 2013 年 6 月开始支护桩与搅拌桩施工，2013 年 10 月开始土方开挖，2013 年 11 月施工第一道支撑，2013 年 12 月施工第二道支撑，2014 年 4 月开挖到底，浇筑地下室底板。2014 年 8 月拆除第二道支撑，2014 年 9 月拆除第一道支撑，2014 年 10 月完成地下室顶板，2014 年 12 月完成地下室外墙与基坑侧壁间隙全部回填作业。各阶段基坑支护构件变形、内力均在设计控制范围内，基坑基本没有渗漏，周边场地下沉变形也在设计控制范围内，保障了基坑周边建（构）筑物、地下管线、道路的安全正常使用，至此本基坑已经完成其使用功能。

9 结语

本工程的周边环境复杂，场地的地质等条件差，地下水量大，设计上采用了排桩加圆环内支撑的结构支护方式，这在潮汕地区是少见的；工程的成功实施和良好的效果，为深厚淤泥层的基坑设计提供了一定的帮助，具有较好的参考价值。

土钉桩锚支护在潮汕地区的应用

刘嘉

（广东新长安建筑设计院有限公司，广东　汕头 515041）

[摘要]：土钉、桩锚支护具有造价低、施工简便等特点，本文结合基坑支护实例，介绍土钉、桩锚支护的施工要点及施工质量控制方法。现场变形观测表明，对于黏土层为主的地质条件，复合土钉墙能有效控制基坑水平位移及竖向沉降，取得的工程经验对类似工程具有指导意义。

[关键词]：土钉；桩锚；基坑支护

1　前言

在深基坑支护工程中，复合土钉墙、桩锚支护形式相对其他常用支护形式（地下连续墙、双排桩、单排桩－内支撑等），基坑造价较低，施工难度不高，往往是基坑支护工程中首选的支护形式。但是复合土钉墙支护、桩锚支护采用土钉、锚杆、预应力锚索等横向受力构件，对基坑工程的场地、地质、地下水等均有一定的要求。

潮汕地区，尤其是城区多为冲积平原地貌，软土层较厚，不利于土钉、锚杆、锚索等构件的受力，本地区大型深基坑工程很少采用复合土钉墙结构、桩锚结构。本文通过介绍一个基坑支护案例，探讨复合土钉墙、桩锚支护形式在潮汕地区基坑工程的应用。

该案例工程地处潮阳城区东山脚下，为低山、丘陵地貌，周边地质情况适合采用复合土钉墙支护、桩锚支护。本案例基坑较深，局部为三层地下室，是潮汕地区较早采用复合土钉墙结构、桩锚结构的深基坑工程之一。本项目于 2015 年初完成设计并开始施工，于 2016 年底完成地下室施工与基坑回填。

2　工程概况

本项目位于汕头市潮阳区新华中路与环城路交叉口。拟建建筑物为框架-剪力墙结构，楼高 16～17 层，配套裙楼 2 层及 2～3 层地下室，地下室埋深 8m～12m；场地南北向长约 160m，东西向长约 170m。由于系旧城改造工程，场地边线多处有凹凸，基坑存在多处阳角（见图 1）。本基坑坑顶标高 3.70m～－0.60m，坑底标高－8.80m（地下室底板垫层底标高），开挖深度 8.50m～12.50m。

周边环境较为复杂：

1）场地东侧为新建住宅区，单层地下室，预应力桩基础、16 层框剪结构，本项目基坑施工时已封顶。

2）场地北侧为已建住宅，建成年代较旧，为 1～2 层瓦顶土坯房，浅基础；场地西北角有 6 层框架结构，柱下独立基础，距离基坑侧壁仅有约 10m。

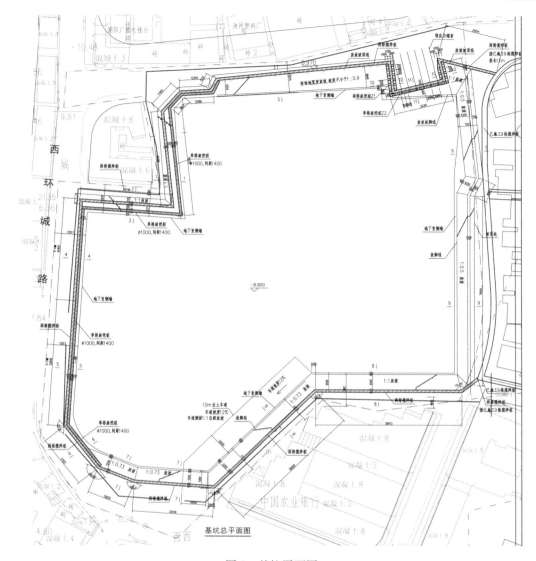

图 1　基坑平面图

3）场地西侧为 20m 宽环城西路，道路对面为 1～2 层瓦顶土坯房，浅基础，距离基坑侧壁 22m。

4）场地南侧为 20 世纪 90 年代建成的住宅区，8 层框架结构，浅基础，距离基坑侧壁约 10m。

3　工程地质条件

场地属低山、丘陵地貌，地处棉城南部，场址原为住宅区，旧有建筑物拆除后场地大部为建筑垃圾覆盖，略有起伏。岩土层自上而下为人工填土层（Q_4^{ml}）、第四系冲洪积层（$Q^{al}+Q^{pl}$）、第四系残积层（Q^{el}）、燕山期花岗岩层（$\gamma_5^{3(1)}$）共四大类。各岩土层埋深起伏较大，总体上来说，岩层埋深走向为西北侧浅，东南侧深。其中西北侧地下室底板已进入中风化岩层，而东南侧中风化岩层埋深大于20m。

各岩土层具体状况如下：①杂填土，浅灰—灰黄色，由砂、砾质黏性土、碎砖石、混凝土板等建筑垃圾构成，为新近堆填物；②粉质黏土，浅灰、灰黄、砖红色，可塑。黏、粉粒为主，含不匀量石英砂，部分砂含量15%，手感粗糙；③砂质黏性土，灰黄、浅灰、肉红色，可塑—硬塑。由花岗岩风化残积而成，原岩长石、暗色矿物等已风化为黏性土，吸水性强，手捏易散；④全风化花岗岩，浅灰、灰黄、肉红色，部分钻孔缺失。岩芯呈土柱状，组织结构已基本破坏，但尚可辨识，有残余结构强度，原岩组分已破坏，长石已风化为土状，遇水易软化，手捏易散；⑤强风化花岗岩，灰黄、褐黄、肉红色。风化强烈，岩芯呈土柱状、半岩半土状，部分岩芯呈碎块状，可见原岩结构；部分钻孔有中风化球状风化体存在；⑥中风化花岗岩：浅灰色，中、细粒花岗结构，岩质新鲜，岩芯多呈短柱状，部分裂隙发育呈碎块状，岩石裂隙面有铁锰质渲染。岩石质量指标RQD＝62%～92%，平均值66%，总体岩石质量指标RQD分类为"较差的"。岩石坚硬程度属"较硬岩"，岩体完整程度为"较破碎"，岩体基本质量等级分类属Ⅳ类。土层主要参数见表1。

土层主要计算参数 表 1

层号	土类名称	重度（kN/m³）	黏聚力（kPa）	内摩擦角（°）	与锚固体摩擦阻力（kPa）	渗透系数 K_{20}
①	素填土	18.0	0.00	45.00	20.0	—
②	粉质黏土	18.2	14.70	21.90	43.0	$0.31×10^{-5}$
③	砂质黏性土	18.4	13.60	23.60	55.0	$8.58×10^{-5}$
④	全风化岩	19.0	17.90	24.90	65.0	—
⑤	强风化岩	19.2	25.60	29.00	80.0	—
⑥	中风化岩	20.0	0	70	200.0	—

勘察查明，场区地下水的主要类型为孔隙潜水、包气带水及基岩裂隙水。孔隙潜水存在于第①层杂填土层中；包气带水赋存于第②层粉质黏土层中，主要接受大气降水和地表散水垂向的渗透补给，无统一自由水面，以蒸发为主要排泄途径。水位及水量受大气降水的影响而波动，静止水位埋深0.88m～1.76m。基岩裂隙水分布于第⑤层强风化花岗岩及第⑥层中风化花岗岩的裂隙体系中，具承压性，⑤＋⑥层基岩裂隙水位埋深10.82m，相应高程－9.58m。本项目主要受孔隙潜水影响。需设置止水帷幕。

4 支护形式的选择

针对本项目情况，对常用的基坑支护形式进行了比选。甲方对项目进度要求较紧，场地又存在局部拆迁未完成等情况，基坑工程需要局部先行施工，为了土方开挖、地下室施工的便利性，不便采用桩＋内撑的支护形式。

潮汕地区2层地下室基坑常用的双排桩＋止水帷幕支护形式可适用于本项目，但这类支护形式通常需要地下室侧墙外4m范围具备施工场地，而本项目部分场地空间较小，西侧侧墙距离用地红线仅有3m宽。且双排桩＋止水帷幕的支护形式，相对复合土钉墙支护、桩锚支护来说，造价较高。故也不采用双排桩＋止水帷幕的支护形式。

本项目采用复合土钉墙、桩锚支护有以下优点：

1）复合土钉墙相对其他支护形式，综合造价最低，桩锚支护其次。

2）桩锚支护占用场地小，适用于场地西侧仅有 3m 施工空间的部位。

3）基坑西侧外，有足够的场地进行放坡、复合土钉墙施工。

4）本项目土质以不透水的黏土为主，出水量少，结合止水帷幕，可以做到有效止水，方便坑内土方开挖。

5）根据地勘，场地存在中风化孤石，复合土钉墙、桩锚支护施工过程中遇到孤石容易处理。

6）灌注桩成桩采用旋挖桩，与主体工程桩相同，且可以同步施工，满足甲方对工期的要求。

7）在完成止水帷幕封闭的情况下，基坑可以局部先行开挖，便于甲方根据拆迁情况灵活分区施工。

5 基坑支护设计要点

5.1 复合土钉墙支护

图 2 所示剖面位于基坑南侧，距离坑顶 5m 为 8 层浅基础框架结构住宅楼。该剖面基坑开挖深度 8.7m～9.2m。复合土钉墙采用 2 道预应力锚索与 6 道土钉，其中在采用锚索标高处采用锚索加土钉间隔布置。止水帷幕采用水泥土搅拌桩。基坑上部 1.5m～2.8m 范围采用土钉与水泥土搅拌桩作为垂直挡土结构；基坑下部为复合土钉墙。

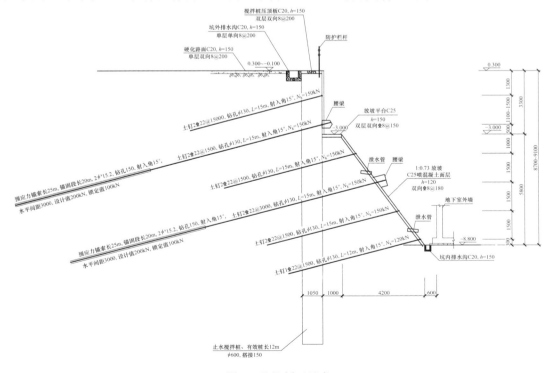

图 2 基坑剖面示意

土钉采用 32.5R 普通硅酸盐水泥净浆，水灰比 0.50。土钉钢筋采用 HRB400。采用二次压力注浆，结合工期适当掺入早强剂。土钉墙坡面挂钢筋网，C25 喷射混凝土面层。

预应力锚索浆体采用 M25 水泥净浆，水泥为 42.5R 普通硅酸盐水泥。锚索采用 ϕ15.2 钢绞线，钢绞线极限强度标准值为 1860MPa。预应力锚索采用二次注浆工艺。预应力锚索钻孔 150mm，射入角 15°，水平间距 3000。锚索头部设置 400mm×400mm 腰梁，腰梁可在喷射混凝土面施工完后施工，与喷射混凝土交界面凿毛。

水泥土搅拌桩作为止水帷幕，在基坑开挖前施工。采用单轴 600mm 直径水泥土搅拌桩，固化剂为 32.5R 普通硅酸盐水泥浆，水泥浆水灰比 0.5 左右，水泥掺入比 16%，水泥土 28d 龄期时无侧限抗压强度≥1.0MPa。

5.2 排桩＋预应力锚索

图 3 所示剖面位于基坑西侧，坑顶为西环城路，距离坑顶 22m 为 2 层浅基础瓦顶土坯房民宅。该剖面基坑开挖深度 10.5m～11.95m。采用单排旋挖灌注桩、2 道土钉、5 道预应力锚索，止水帷幕采用 2 排水泥土搅拌桩。基坑上部 1.5m～2.8m 范围采用土钉与水泥土搅拌桩作为垂直挡土结构；基坑下部为复合土钉墙。

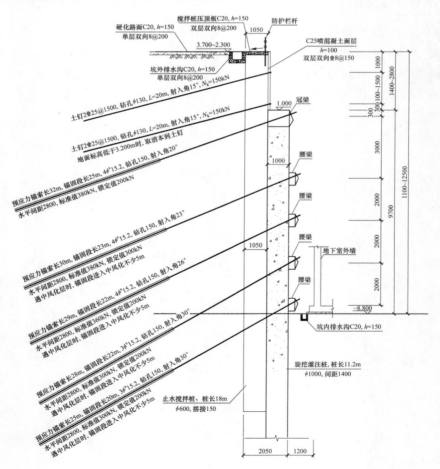

图 3　基坑剖面示意

单排旋挖灌注桩作为挡土受力构件，桩径 1.2m，有效桩长 11.2m，桩间距 1.4m。由于受现场施工机械限制，桩端进入中风化 0.5m。桩顶设置 C25 连梁。旋挖桩钢筋笼采用非对称配筋，以控制造价。

土钉、预应力锚索、水泥土搅拌桩施工要求同复合土钉墙。预应力锚索腰梁支承于旋挖灌注桩上，通过预埋筋与旋挖桩连接。

5.3 施工顺序

场地平整→坑顶周边场地硬化→施工止水搅拌→施工旋挖桩→分层分区、逐个放坡开挖至第一道土钉（锚索）设计标高→施工土钉（锚索）→达到设计土钉（锚索）强度后、开挖至下道土钉（锚索）设计标高、施工土钉→逐道土钉（锚索）施工→开挖至 −8.80m，逐个开挖、浇筑承台。

6 基坑监测与基坑动态设计

基坑监测内容包括：支护结构顶部的水平位移与沉降变形，基坑深层水平位移，地下水位观测，周边路面及建筑物的变形监测。控制指标：水平位移及沉降变形指标按照《土钉支护技术规程》DBJ/T 15—70—2009 执行；基坑周边每隔约 20m 设一个沉降、位移监测点，基准点可设在基坑边 10m 范围外桩基大楼的柱基上。

基坑水平位移报警值 40mm，控制值 50mm；地面沉降报警值 40mm，控制值 50mm。

综合整个施工过程的变形监测数据来看，复合土钉墙支护水平、竖向位移较大的位置，主要出现在漏水而未及时处理的部位，由于渗水浸泡使局部坡脚因表层土体软化发生了崩塌。而止水帷幕施工质量理想、坡面无出现渗水的部位，土钉墙变形能有效控制，且对周边建筑物无明显影响。桩锚支护水平变形较小，变形值均未达到报警值，由于锚索大部分进入中风化岩层，坑顶周边地表未发现明显开裂，取得较好的工程效果。

基坑工程的动态设计要求设计人员及时对现场反馈的信息进行处理，对设计与施工给出适当的调整意见。本项目施工过程中多处遇到孤石，对此设计调整了旋挖桩及锚索设计参数；由于拆迁困难，地下室形状多次重新调整，基坑边线及支护结构也相应进行了多处设计调整；根据现场开挖后各个坡面土体的情况，及时调整了土钉、锚索的设计参数。本基坑动态设计为项目顺利完成起到了重要的保障作用。

7 结论

1）复合土钉墙支护体系在黏土为主的潮阳城区有较好的适用性。虽然其存在基坑变形较大、土钉占用地下空间等问题，但是其造价低、施工方便，综合经济效益好。

2）桩锚支护体系在潮阳城区也有较好的适用性。对于 2 层以上地下室，桩锚结构的经济指标仅次于复合土钉墙，适合于邻近山脚、浅基础建筑等周边环境较复杂的基坑工程，其土方挖运比桩-内撑支护体系方便。

3）基坑动态设计是基坑设计工作的重要工作内容，在场地条件情况复杂的基坑工程中尤为重要。施工过程中加强监测，及时掌握支护体系及周边环境的变化，应用监测所得的数据信息指导施工，是施工过程科学化、信息化，确保支护体系和周围环境安全的重要措施。

深基坑围护结构设计和施工的几点体会

吴建平

（广东新长安建筑设计院有限公司，广东　汕头 515041）

[摘要]：结合多年深基坑支护实践经验，具体探讨了基坑支护设计、施工要点，对基坑支护设计和施工具有一定的借鉴意义。

[关键词]：深基坑；支护结构；设计；施工

1　前言

随着社会的发展和进步，房子越盖越高，地下结构越做越深，随之出现的深基坑也越来越深，其支护结构的安全性和经济性就显得很重要。深基坑工程最为关键的就是设计和施工，一个好的支护方案必然是合理的设计和施工的完美结合。

以下结合本人从事该领域的设计和施工多年实践，谈谈自己的体会。

2　打桩顺序对支护结构效果的影响

多数支护结构会同时采用几种桩型，如深层搅拌桩、钻孔桩、高压旋喷桩等，往往设计人员很少交代各种桩型的施工顺序，施工单位则会以施工方便为准。而不同的施工顺序却会导致不同的效果：如果先施工钻孔桩后施工搅拌桩，由于钻孔桩在施工过程会产生不同程度的扩径，那么挨着的搅拌桩后施工就会碰到凸出来的钻孔桩而倾斜，造成搅拌桩搭接不好而漏水；如果用于被动土加固的搅拌桩后于钻孔桩施工也同样难与钻孔桩紧贴一起，这样就容易形成坑底踢脚（特别是坑底为淤泥层）。一般情况下，这两种桩型的施工顺序，都应是先搅拌桩、后钻孔桩。

对于工程桩是管桩的情况，为了防止管桩的挤土效应对支护桩的影响，通常也应是先工程桩、后支护桩的工序。

3　对钻孔桩不对称配筋的改进

随着现在人工成本比例越来越高，支护桩中的钻孔桩采用不对称配筋的设计已凸显明显缺点：（1）不对称配筋节省的钢筋费用还少于增加的用工和管理费用；（2）钻孔桩的受力过程也不是绝对和计算模型一致，不对称配筋也存在和实际受力不相符的风险；（3）不对称配筋还存在施工过程钢筋笼摆放方向出错的风险，一旦出错后果不堪设想。所以钻孔桩作为支护桩，其钢筋笼优先采用对称配筋。

4 在水泥搅拌桩中合理选取水泥掺入比

水泥搅拌桩的水泥掺入比直接影响水泥搅拌桩的强度，取小了不安全，取大了不经济，通常按 10%～20% 取值。但水泥搅拌桩在支护结构中的不同位置却存在着不同的强度需求。

格构式挡土墙中的搅拌桩既起挡土作用，也有止水作用，所以对搅拌桩的强度要求较高。这时水泥掺入比取值要适当调大。

只用于止水的水泥搅拌桩，对强度的要求不高，水泥掺入比可以取小值。

用于被动土加固的水泥搅拌桩，水泥掺入比要根据加固土的土质而定，一般淤泥取高值，淤泥质土或砂土可取低值。

水泥搅拌桩的水泥掺入比的取值还受到水泥土的强度、地质条件（淤泥、淤泥质土、细沙、中砂、粗砂）等因素的影响，要根据具体情况具体分析，科学合理地选取水泥掺入比。

5 提高止水桩止水效果的措施

止水桩的常用形式有相互搭接的水泥搅拌桩、高压旋喷桩等。止水桩的止水效果好坏直接影响支护结构的成败，如何做好止水桩的止水效果在设计和施工中是极为重要的。

止水桩通常是采用 2～3 排直径为 600mm 的水泥搅拌桩，搭接长度为 150mm，这对于 4m～5m 深的基坑应该能够满足要求；但是对于 8m～9m 深基坑的止水效果就会有问题：首先，水泥搅拌桩施工机具垂直度偏差控制在 1% 以内在实际操作上有一定难度，按偏差 1% 计算，9m 深基坑坑底位置的桩身水平偏差接近 90mm，相邻两根桩如反向偏差就会错开 180mm，那么水泥搅拌桩搭接 150mm 就不能够满足止水要求；其次，水泥搅拌桩在施工过程中遇到土质不均匀时也会造成不同程度的偏斜，相邻桩间搭接质量差引起漏水。因此，两层地下室基坑的水泥搅拌桩止水结构往往会出现不同程度的漏水现象。

改善措施如下：

1）增加搅拌桩的搭接长度，一般取 200mm，增加止水桩的排数。

2）改变施工工艺，在多排止水桩的施工中，采用分排施工，前后排施工的时间间隙为 4d～5d，这样能较好地改善因土质不均匀引起的搭接不良。

3）在围护桩的基坑内侧挂网，喷射一层 5cm 的钢筋混凝土面层，可以防止桩间土的脱落，增强基坑壁的止水效果和防止流沙。

6 水泥搅拌桩搭接长度的探讨

水泥搅拌桩的搭接长度如何取值，直接影响了工程的安全和经济。水泥搅拌桩搭接长度的选取受地质条件、基坑开挖深度、施工机具及其在工程中所起的作用等因素的影响：

1）采用水泥搅拌桩作为止水桩时，一般一层地下室的基坑取 150mm、两层地下室的基坑取 200mm，在墙体圆弧段和转角处宜适当加大。

2）采用水泥搅拌桩作为格构式挡土墙时，搭接长度一般可取 150mm。

3）采用水泥搅拌桩作为被动土加固桩时，搭接长度一般可取 50mm～100mm。

7　水泥搅拌桩桩长取值问题的探讨

水泥搅拌桩的桩长取值同样是受地质条件及其在工程中所起的作用、基坑的开挖深度、施工机具等因素的影响。根据水泥搅拌桩的作用分两种形式来探讨：

1）一般的格构式挡土墙的水泥搅拌桩桩长是基坑深度的 2.5 倍～3.0 倍。有些工程由于软件计算出现整体滑动安全系数不满足要求而不断增加桩长，这样很不经济，也不科学，可以采取反压土和被动土加固等措施来解决。

2）止水水泥搅拌桩的桩长一般比基坑底深 3m～4m 就能够满足要求。当遇到坑底有深厚砂层，水泥搅拌桩难于深入到隔水层形成有效止水结构时，在基坑周边条件许可时，可考虑采用井点降水、强排、快速施工的方法。

8　水泥搅拌桩抗拉强度不足的问题

水泥搅拌桩抗拉强度不足的问题，经常出现在格构式挡土墙截面外侧抗拉强度不满足要求，一般是通过加插钢筋或钢管（8m 以上）解决。

另外一种思路是考虑挡土墙的塑性变形。通常计算模型是按弹性变形来计算的，这时会出现抗拉强度不足；若是允许变形适当大一点，让挡土墙部分进入塑性变形状态，就不一定会出现抗拉强度不足的问题，可以合理节省插筋。

9　静压管桩穿越砂夹层的新工艺

高强度混凝土预应力管桩（以下简称管桩）以其工期短、质量可靠、管理方便、造价低等特点，被广泛应用于各类工程基础中。但在许多工程实践中碰到地质有硬夹层时，普通管桩由于桩身极限竖向承载力低，经常出现爆桩，或穿不过（将桩端停在夹层上面）造成桩基础缺陷。通常的解决方法是采用水冲或引孔，但水冲和引孔都存在着施工速度慢、工期长、场地要求高、风险大、费用高等特点。为此我们联合华美鑫通混凝土构件有限公司研究开发出预应力高强度混凝土管桩（ϕ400—110AB）。该产品具有桩身极限竖向承载力高 4400kN（实际使用压桩力超过 5000kN）、抗弯及抗折性能好的特点，通过采用该产品，解决了很多工程地质有硬夹层的管桩穿越硬夹层的问题。该产品现已获得国家知识产权局发明专利，发明专利号：201210279031.6。

通过不断地实践，分析质量、工期、成本各项指标，采用 ϕ400－110AB 的管桩是解决管桩穿越硬夹层的较好方法。

第四篇　施工技术与
工程实践

灌注桩桩端分层后注浆施工工艺的研究与探索

陈小明，周永华

（汕头市建研建筑技术咨询有限公司，广东　汕头 515041）

[摘要]：桩端后注浆在《建筑桩基技术规范》JGJ 94—2008 实施后使用越来越广泛，注浆参数和注浆技术日渐成熟，探索各种注浆方法成为必然。桩端分层后注浆比普通桩端后注浆能进一步提高单桩竖向承载力、降低后期沉降，且具有缩短施工工期和降低工程造价的优点，其施工工艺具有推广使用价值。

[关键词]：桩端分层注浆；普通桩端后注浆；注浆管；单桩竖向承载力

1　引言

　　泥浆护壁灌注桩由于具有适用于不同土质地层、桩径及桩长变幅大、承载力大等特点，目前已发展为我国高层建筑的主导桩型。然而，泥浆护壁灌注桩存在桩底沉渣和桩周泥皮这两个固有缺陷，其单位混凝土量承载力远小于打入式混凝土预制桩，且单桩承载力离散性较大。为解决这一问题，中国建筑科学研究院地基所进行了多年的研究、试验，开发了泥浆护壁灌注桩后注浆成套技术，使桩端土体（包括沉渣和一定范围内的泥皮）得到加固，从而提高单桩竖向承载力，并有效降低单桩承载力的离散性。桩底后注浆具有附加费用低等优点，经济效益显著，具有推广使用价值。注浆方法不同，单桩竖向承载力提高的幅度也不同，本文重点介绍灌注桩桩端分层后注浆的加固机理、施工方法和注浆效果。

2　灌注桩桩端分层后注浆适用范围

　　本文介绍的灌注桩桩端分层后注浆的施工方法适用于灌注桩的持力层为中、粗砂层，持力土层厚度应满足《建筑桩基技术规范》JGJ 94—2008 的要求，且最小厚度不小于 5 倍桩径，桩底砂层厚度不小于 3 倍桩径。

3　注桩桩端分层后注浆加固机理

　　灌注桩分层后注浆与普通桩端后注浆不同之处在于注浆管的埋置深度：当单桩径 <1200mm 时，2 根注浆管分 2 个埋置深度，1 根注浆埋置在灌注桩桩底处，另 1 根注浆管置在灌注桩桩底以下 1.0m 处；当单桩径 ≥1200mm 时，3 根注浆管分 3 个埋置深度，第 1 根注浆埋置在灌注桩桩底处，第 2 根注浆管置在灌注桩桩底以下 1.0m 处，第 3 根注浆管置在灌注桩桩底以下 1.5m 处。注浆时从浅到深逐管注浆。加固机理如下：

　　1）浆液在高压作用下在桩底沉渣及桩底附近土层中渗透注浆，起到填充、压密、

105

固结等作用。另一方面，浆液横向渗透到桩外一定范围的土体中，起到了相当于桩端扩径的作用，从而提高了桩端阻力。但是，渗透注浆时桩端下部会形成较高的孔隙水压力，阻碍浆液向深部渗透，加固厚度往往达不到桩径的 3 倍，桩基受力时加固体下面土层压缩变形较大，特别桩径较大时更加明显。通过桩端分层注浆，有效增加了桩端以下土体的加固厚度，减少桩端以下土体压缩变形，可进一步提高单桩竖向承载力。经多项工程静载对比试验，桩端分层后注浆单桩竖向承载力可比普通桩端后注浆单桩竖向承载力提高 20%～30%。

2）浆液在高压作用下，部分浆液沿桩周护壁泥皮向上渗透，使桩体下部约 10m～12m 的泥皮被水泥浆液固结，部分提高了桩体下部的侧阻力。

3）在高压注浆液作用下，桩端附近的土层受压后将产生较大的压缩变形，提前完成了桩基的部分沉降，使桩端承载力得到充分的发挥。

4 注浆参数设定

4.1 注浆压力

在中砂层注浆压力为 2.0MPa～2.5MPa，在粗砂层注浆压力为 1.5MPa～2.0MPa。

4.2 水泥用量

桩端持力层为中砂时，注浆水泥用量约为 $2.5D$（水泥量单位为 t，D 为桩径，单位为 m）；桩端持力层为粗砂时，注浆水泥用量约为 $3.0D$（水泥量单位为 t，D 为桩径，单位为 m）；砂层密实度较差时应适当增加水泥用量。

5 灌注桩桩端分层后注浆施工方法

5.1 施工流程

灌注桩成孔→钢筋笼制作→注浆管制作→灌注桩清孔→下钢筋笼→注浆管安装→灌注桩混凝土后注浆施工。

5.2 施工要点

5.2.1 注浆管的制安

在制作钢筋笼的同时制作注浆管。注浆管采用直径为 25mm 的黑铁管制作，接头采用套管焊接。上部高出地面 500mm，下部埋置深度详见本文第 3 节所述。注浆管在最下部 150mm 制作成注浆头（俗称花管），在该部分采用钻头均匀钻出 4 排（每排 4 个）、间距 50mm、直径 5mm 的注浆孔作为注浆头。采用图钉将注浆孔堵严，外面套上同直径的自行车内胎并在两端用胶带封严，这样注浆喷头就形成了一个简易的单向装置：当注浆时注浆管中压力将车胎迸裂、图钉弹出，水泥浆通过注浆孔和图钉的孔隙压入砂层中，而混凝土灌注时该装置又保证混凝土浆不会将注浆管堵塞。对于深入到桩底以下的注浆管，注浆头的前端加装直通式单向阀，采用高压水冲法沉入注浆管。

5.2.2 注浆时间的选择

根据以往工程实践，在砂层中，水泥浆在工作压力作用下影响面积较大。为防止注浆时水泥浆液从邻近薄弱地点冒出，注浆宜在混凝土灌注完成 3d～30d 后，并且该桩周围至少 20m 范围内没有桩机成孔作业，该范围内的桩混凝土灌注完成也应在 3d 以上。

5.2.3 注浆施工顺序和各根注浆管的注浆比例

注浆时最好采用整个承台群桩一次性注浆，注浆先施工外圈桩位再施工中间桩。

注浆时应按注浆管埋置深度从浅到深逐根管注浆。当单桩采用 2 根注浆管时，第 1 根注浆管的注浆量约占总量的 60%，第 2 根注浆管应间隔 12h 以上后方可注浆。当单桩采用 3 根注浆管时，第 1 根注浆管的注浆量约占总量的 50%，第 2 根、第 3 根注浆管的注浆量约各占总量的 25%，各根注浆管应间隔 12h 以上方可注浆。

5.2.4 注浆施工

1）桩端后注浆一般采用 PO 42.5R 级普通硅酸盐水泥，浆液水灰比采用 0.55，水泥浆按水泥量的 0.5% 掺入 FDN-Z 减水剂。水泥浆配制过程应严格控制配合比，水泥浆进入注浆泵前应进行过滤处理，滤去水泥硬块和其他杂物，以免堵塞注浆头多孔单向阀，造成灌浆事故；

2）连接好注浆管线和注浆枪头，用清水试压检查管线及接头是否有漏水现象，发现漏水时应及时处理；

3）正式注浆前，用高压打开 1 根注浆管底端多孔单向阀；

4）打开多孔单向阀后便可开始灌注水泥浆液，水泥浆进入注浆泵前应严格过滤，灌浆注入率应控制在 75L/min 以内；

5）注浆时应做好施工记录，记录的内容应包括施工时间、注浆开始及结束时间、注浆数量及出现的异常情况和处理的措施等；

6）当注浆压力长时间低于设计注浆压力范围或过早出现地面冒浆现象时，可采用间歇注浆。采用间歇注浆时应合理调整水泥浆液水灰比及间歇时间，防止塞管。

5.2.5 注浆合格条件

1）注浆总量和注浆压力均到达设计要求；

2）注浆水泥总用量已达到设计值的 75%，且注浆压力超过设计值；

3）注浆水泥总用量已达到设计值的 75%，且地面已冒浆；

4）注浆结果不能满足设计要求时应及时通知设计人员，并采取有效补强措施。无法达到注浆结束条件时，应在桩边补钻 2 个 $\phi91$ 钻孔，钻孔底端应深于桩端 1000mm 以上，重下注浆管，灌注套壳料 5d 后进行补注浆，补注浆水泥用量每桩不少于注浆设计水泥用量的 1.2 倍，且终止注浆压力不小于 1.5MPa；

5）注浆完毕后必须及时清洗注浆设备及管线，然后拆卸管线。

6 工程实例

6.1 工程概况

揭阳市中阳住宅小区由 8 栋 28 层住宅组成，基础采用钻孔灌注桩＋桩端后注浆，

设计桩径为 $\phi800\sim\phi1000$，桩长 25m～27m，桩端进入第⑦层粗砂 2m，桩底粗砂层厚度为 3m～3.5m。桩基础进行了设计前静载对比试验。

6.2 工程地质条件

各土层主要物理力学性质指标详见表1。

各土层主要物理力学性质指标场　　　　　表 1

层序	岩层名称	层厚	含水率	比重	湿密度	孔隙比	塑性指数	液性指数	黏聚力	内摩擦角	钻孔灌注桩	
											桩周摩阻力特征值	桩端阻力特征值
			w	G_s	ρ	e	I_P	I_L	c	φ	q_{sa}	q_{pa}
		(m)	(%)		(g/cm³)				(kPa)	(°)	(kPa)	(kPa)
①	素填土	1.2～1.5										
②	黏土	2.1～2.8	28.6	2.67	1.91	0.795	14.4	0.46	35.8	19.1	20	
③	淤泥	12～14.2	87.7	2.66	1.47	2.415	23.4	2.43	8.3	1.1	6	
④	粉质黏土	2.5～3.3	35.4	2.69	1.84	0.976	15.9	0.74	20.5	12.4	25	
⑤	粗砂	3.1～3.5									35	1200
⑥	粉质黏土	3.8～4.4	35.4	2.69	1.84		15.9	0.74	20.5	12.4	30	
⑦	粗砂	5～5.5									45	1300
⑧	粉质黏土	8.2～9.7	31.1	2.69	1.90	0.859	16.2	0.47	31.8	18.2	35	

6.3 单桩竖向承载力静载对比试验

试验桩选用 $\phi900mm$ 钻孔灌注桩，普通桩端后注浆和分层桩端后注浆各做 3 根桩。每个勘察孔附近各做 2 根不同注浆方法的桩。P1、F1 号桩位于 ZK5 勘察孔附近，桩长为 30.00m；P2、F2 号桩位于 ZK17 勘察孔附近，桩长为 29.50m；P3、F3 号桩位于 ZK23 勘察孔附近，桩长为 29.9m。ZK5、ZK17、ZK23 勘察孔土层情况详见表 2。

ZK5、ZK17、ZK23 勘察孔土层情况　　　　　表 2

层序	岩土名称	ZK5	ZK17	ZK23	钻孔灌注桩	
					桩周摩阻力特征值（kPa）	桩端阻力特征值（kPa）
①	素填土	1.37	1.42	1.45		
②	黏土	2.75	2.54	2.42	20	
③	淤泥	14.00	13.36	13.84	6	
④	粉质黏土	2.66	2.78	3.21	25	
⑤	粗砂	3.36	3.25	3.34	35	1200
⑥	粉质黏土	3.892	4.13	3.68	30	
⑦	粗砂	5.40	5.43	5.35	45	1300
⑧	粉质黏土	8.87	.62	9.45	35	

普通桩端后注浆每桩的水泥用量为 1.80t，分层桩端后注浆每桩的水泥用量为 2.70t。静载试验结果详见表 3。

静载对比试验结果 表 3

序号	桩号	最大加荷值（kN）	最大沉降量（mm）	残余变形量（mm）	对应沉降量为 45mm 时的加荷值（kN）
1	P1	900	51.33	11.06	850
2	F1	1150	52.46	7.53	1060
3	P2	900	50.89	10.87	860
4	F2	1150	52.13	7.11	1090
5	P3	900	51.84	10.55	840
6	F3	1150	52.75	7.04	1050

从表 3 的结果可见，分层后注浆单桩竖向承载力比普通后注浆单桩竖向承载力增加了 24.7%～26.7%。

7 质量要求与检验

成桩质量标准按现行桩基验收技术规范进行。后注浆施工操作及质量标准可按《建筑桩基技术规范》JGJ 94—2008 相关要求执行。施工过程中，应经常对后注浆的各项工艺参数进行检查。如对于注浆管，须检查其长度、材质、接口的质量等，发现异常及时整改。完成桩基工程后，按现行标准进行单桩竖向承载力及桩身完整性检验，承载力检验应在后注浆 20d 后进行。浆液中掺入早强剂时可提前至 15d 后进行。后注浆施工完成后应提供下列资料：材质检验报告、试注浆记录、设计工艺参数、后注浆作业记录、后注浆桩检验及特殊情况处理记录。

8 结语

实践证明，灌注桩桩端后注浆能大幅度提高单桩竖向承载力，为设计提供缩短桩长、缩小桩径或减少桩数的多样性选择。具有加快施工进度和降低工程造价的优点。灌注桩桩端分层后注浆能增加桩端土层加固厚度，进一步提高单桩竖向承载力，特别是桩径较大时，能有效控制后期沉降。在条件具备的工程中推广桩端分层后注浆施工工艺有着重要的意义和实用价值。

参考文献：

[1] JGJ 94—2008 建筑桩基技术规范 [S]. 北京：中国建筑工业出版社，2008.
[2] 胡胜华，张所邦，韩朝，等. 灌注桩后压浆技术的工程实践 [J]. 探矿工程. 2014，12：71-74.

旋喷成锚技术在汕头市某深基坑支护工程中的应用

陈小明，周永华

（汕头市建研建筑技术咨询有限公司，广东　汕头 515041）

[摘要]：深基坑支护工程采用桩锚支护体系具有施工进度快，造价相对较低的优点，但在沿海地区大部分场地浅层存在粉细砂层和淤泥层，采用常规锚索，存在抗拔力低、施工过程容易出现涌水涌砂的现象。旋喷成锚锚索与扩大头结合使用，效果显著，既能提高锚索的抗拔力，又能解决施工过程中涌水涌砂的问题，减小对支护结构外的地面和邻近建筑物的影响，扩大桩锚支护结构的使用范围。

[关键词]：深基坑支护；常规锚索；旋喷成锚锚索；扩大头；涌水涌砂

1 引言

随着我国城市和国民经济的迅速发展，对地下空间的利用需求日益增强，深基坑工程越来越多，且开挖深度也越来越深，桩锚支护结构体系因其成本低、施工周期较内支撑短，在深基坑支护工程中应用愈加普遍。

近年来汕头市已有部分深基坑工程使用桩锚支护，但因地质条件和地下水位高等原因，常规锚索存在抗拔力低、全套管钻进成孔时容易出现涌水涌砂现象，使用受到一定的限制。针对这种地层，在施工工艺上改进，由常规锚索施工改为旋喷成锚法施工，从根本上解决了汕头市区锚索抗拔力低，锚索成孔过程中涌水涌砂造成支护结构后方地面下塌和邻近建筑物下沉等问题，为汕头市深基坑支护结构开创了一种经济、可靠的支护形式。

2 旋喷成锚锚索在汕头市某工程中的使用

2.1 土层情况

根据岩土工程勘察报告，土层情况如表1、图1所示。

基坑各土层物理力学性质参数　　　　　　　表1

层序	土层名称	层厚（m）	重度（kN/m³）	直快抗剪强度		K_{v20}（K_{H20}）（cm/s）	天然坡角	
				黏聚力 C(kPa)	内摩擦角 φ(°)		水上（°）	水下（°）
①	杂填土	1.0～4.3	17.0～18.0					
②	细砂	2.0～4.6	18.0	2.0～3.0	28.0～30.0	$2.65×10^{-3}$	38.3	30.3
③	淤泥	20.1～25.0	16.2	12.1	2.3	$9.93×10^{-6}$		
④	中、细砂	1.5～8.1	18.5～19.0	3.0～4.0	30.0～32.0			
⑤	淤泥混砂	0.2～1.4	17.0		2.6			
⑥	粗砂	8.8～16.0	19～19.5		35.0～37.0			

钻孔柱状图

工程名称	国瑞观海居（商住楼）		工程编号	K13-048		钻孔编号	ZK2		X坐标(m)		
Y坐标(m)		孔口高程(m)	0.58	终孔深度(m)	51.60	开孔日期	2013.12.26		终孔日期	2013.12.26	
开孔直径(m)		终孔直径(m)		初始水位(m)		稳定水位埋深(m)	1.40		承压水位(m)		

地层年代	地层编号	高程(m)	深度(m)	厚度(m)	柱状图图例 1:250	地层描述	取样编号	N(击)
Q_4^{ml}	①	-1.22	1.80	1.80		① 杂填土：灰黄色，干—湿。由填砂土混杂碎石、砖块及砼块等建筑垃圾组成，成分杂乱，结构松散，强度不均匀。		↓18(3.65)17.6
Q_4^m	②	-4.42	5.00	3.20		② 细砂：浅灰色，饱和，稍密状。含黏粒较多，级配不良。	•2-1	
	③	-17.92	18.50	13.50		③ 淤泥：饱和，流塑态。上部淤泥呈黄灰—灰色，不均匀含（夹）粉砂微、薄层，含有机质少量~15%；中部—下部淤泥呈青灰色，大体质纯，粉砂微层理较发育，含砂约10%~15%。	•2-2	
	③	-25.72	26.30	7.80				
Q_3^{al}	④	-28.92	29.50	3.20		④ 中细砂：浅灰色，饱和，稍密—中密状。砂粒均匀，含黏粒10%~20%，级配不良。		↓24(28.95)15
	⑤					⑤ 粗砂：浅灰—灰黄色，饱和，密实状。砂粒呈次圆状，砂质较纯，级配良好。		↓30(31.25)18
								↓35(38.25)18
	⑥	-44.62	45.20	15.70				
$\gamma_5^{3(1)}$	⑦	-49.92	50.50	5.30		⑦ 强风化花岗岩带：斑杂色，硬，为中粗粒强风化花岗岩，上部呈砂粒状，下部呈碎块状—块状，属极破碎—破碎软岩，岩体基本质量等级为Ⅴ类。		↓66(47.25)34
	⑧	-51.02	51.60	1.10				

汕头市建筑设计院		现场技术负责人		审核		核对		图号	

图 1 钻孔柱状图

2.2 常规锚索施工难点

因场地地下水位较浅，地面标高为-2.1m，稳定水位约为-3.50m。锚索孔口标高为-4.60m，位于地下水位以下，本基坑北侧锚索所在地层为杂填土（粉砂为主）和细砂层，粉、细砂层自身流动性大，在基坑外地下水压力和锚索施工循环水作用下，导致常规锚索在钻进成孔过程中孔口出现严重涌水涌砂现象，造成支护结构后的地面被掏空和下陷。成孔后流砂涌入套管内，造成锚索杆体无法下到设计位置。

18

2.3 锚索施工工艺优化

2.3.1 常规锚索设计情况及检测结果

根据基坑支护设计图纸，锚索设计参数详见表2、图2。

常规锚索设计参数 表2

项目名称	总长度（m）	锚固长度（m）	角度（°）	孔口标高（m）	间距（m）	扩大头直径（m）	扩大头长度（m）	设计抗拔力（kN）
第一道锚索	29.0	23.0	13.0	−4.6	1.8	0.60	6.0	200

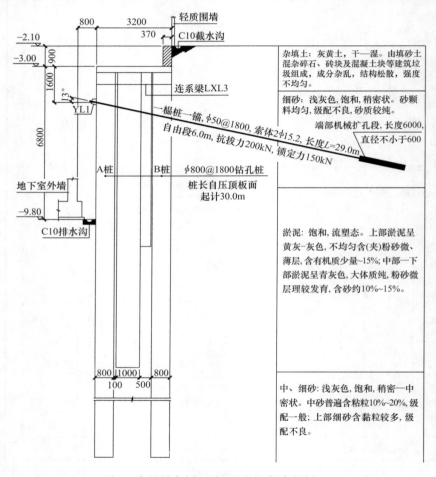

图2 常规锚索剖面图（基坑北侧支护剖面）

常规锚索抗拔承载力检测结果详见表3。

常规锚索抗拔承载力检测结果汇总 表3

项目名称	锚索编号	总长度（m）	锚固长度（m）	试验荷载（kN）	最大位移（mm）	残余位移（mm）	总弹性位移（mm）
第一道锚索	MS-143	29	23	250	56.14	17.19	38.95
第一道锚索	MS-145	29	23	250	67.95	20.94	47.01
第一道锚索	MS-147	29	23	250	58.77	17.40	41.37

检测结果表明，锚索的抗拔力能满足设计要求，但锚头位移已接近规范限值。

2.3.2 优化后旋喷成锚锚索的设计情况及检测结果

优化后的旋喷成锚锚索设计参数详见表4、图3。

旋喷成锚锚索设计参数　　　　　　　　　　　　表4

项目名称	总长度（m）	锚固长度（m）	角度（°）	孔口标高（m）	间距（m）	扩大头直径（m）	扩大头长度（m）	设计抗拔力（kN）
第一道锚索	29.0	23.0	13.0	−4.6	1.8	0.40	23.0	200

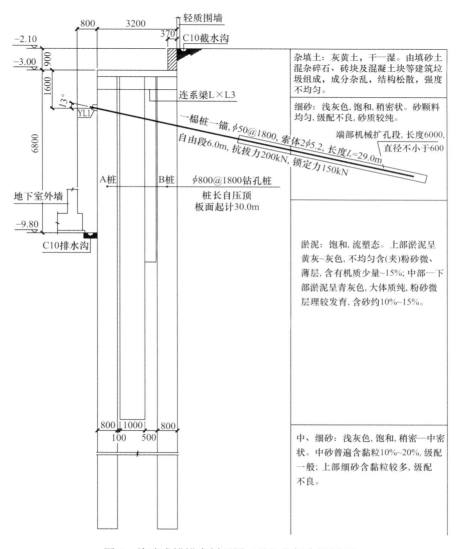

图3　旋喷成锚锚索剖面图（基坑北侧支护剖面）

旋喷成锚锚索抗拔承载力检测结果详见表5。

						表5
项目名称	锚索编号	总长度 （m）	锚固长度 （m）	试验荷载 （kN）	最大位移 （mm）	残余位移 （mm）	总弹性位移 （mm）

旋喷成锚锚索抗拔承载力检测结果汇总

项目名称	锚索编号	总长度 （m）	锚固长度 （m）	试验荷载 （kN）	最大位移 （mm）	残余位移 （mm）	总弹性位移 （mm）
第一道锚索	MS-180	29	23	250	22.21	3.33	18.88
第一道锚索	MS-182	29	23	250	21.34	4.24	17.10
第一道锚索	MS-184	29	23	250	27.21	8.25	18.96

与表3常规锚索的检测数据相比，旋喷成锚锚索的位移小得多，几乎都是弹性变形，其抗拔力远大于设计值。根据检测结果，结合《建筑基坑支护技术规程》JGJ 120—2012的4.7节相关规定计算，旋喷成锚锚索的锚固长度可比原设计长度缩短三分之一。

3 旋喷成锚锚索施工工艺

3.1 旋喷成锚工艺及施工方法

旋喷成锚法预应力锚索采用锚索专用钻机或高压旋喷钻机施工，锚索的锚固段水泥总用量不宜少于250kg/m，自由段水泥用量不宜少于150kg/m。水泥水灰比0.8，按水泥用量的0.5%掺入FDN-Z减水剂，施工过程按下述3个步骤：

（1）第一步：采用φ130翼旋喷钻头旋喷钻进，自由段旋喷钻进速度约为500mm/min，喷射压力约为10MPa；锚固段旋喷钻进速度约为300mm/min，喷射压力约为25MPa。锚固段水泥用量约为150kg/m，自由段水泥用量约为50kg/m。

（2）第二步：用专用送锚喷头将锚索送至设计深度，送进速度以500mm/min为宜，喷射压力为5MPa，尽可能不要旋转，确实送不进时可正反转各半圈重复转动，锚固段、自由段水泥用量均为50kg/m。

（3）第三步：将专用送锚喷头和钻杆拔出，速度应控制在500mm/min以内，喷射压力为5MPa，边拔边旋喷补浆，以填满锚孔为准，锚固段、自由段水泥用量约为50kg/m。

3.2 锚固体直径取值

按照第1点的施工参数，锚固段锚固体直径可达400mm，若需使锚固体直径达到500mm，则在第一步时，锚固段旋喷钻进速度约为200mm/min，喷射压力约为25MPa。锚固段水泥用量约为200kg/m。

3.3 锚索抗拔力计算

锚索抗拔力计算仍按《建筑基坑支护技术规程》JGJ 120—2012的4.7节相关规定计算，锚固体直径取400mm或500mm，锚固段长度不宜大于16m，锚索的极限粘结强度标准值应按表4.7.4中的二次压力注浆栏取值。

4 结语

实践证明，旋喷成锚锚索能有效克服常规锚索在流砂层中难于施工的缺点，有效地保证了施工进度，确保了支护结构的安全，对邻近建筑物的影响降低到最小程度。若锚索锚固段处于淤泥层内，则可通过增大喷射压力和减小旋喷钻进速度来加大锚固体直径，达到提高锚索抗拔力的目的。

参考文献：

[1] JGJ 120—2012 建筑基坑支护技术规程 ［S］. 北京：中国建筑工业出版社，2012.

[2] JGJ/T 282—2012 高压喷射扩大头锚杆技术规程 ［S］. 北京：中国建筑工业出版社，2012.

[3] 汪立刚. 高压旋喷后注浆扩大头锚索在深基坑支护工程中的应用 ［M］// 河南省土木建筑学会. 土木建筑学术文库（第 16 卷）. 上海：同济大学出版社，2012.

长钢护筒配合旋挖桩基施工技术在汕头深厚砂层中的应用

黄群，陈松根

（汕头市建安（集团）公司，广东　汕头 515041）

[摘要]：在汕头等沿海地区深厚砂层中的旋挖工程桩，通过采用长钢护筒和改良泥浆等多种施工技术，较好地解决了旋挖桩在施工过程中容易塌孔或较难顺利成孔等问题。合理应用旋挖桩，工程质量好、综合成本低、环保程度高，具有较好的经济效益和社会效益，为嵌岩桩在本地区的施工提供了新的途径。

[关键词]：旋挖工程桩；钢护筒；优质泥浆；震动钳；塌孔

1　前言

近年来，随着建筑施工行业的迅速发展，施工机械和施工工艺得到不断改进，而旋挖桩因其施工的高效率性和对土层的高适应性在工程施工中得到了广泛应用。但在汕头市区，由于深厚砂层的存在，旋挖桩施工过程中容易出现塌孔现象，旋挖桩只应用在施工基坑工程支护桩，在深厚砂层采用旋挖桩作为工程桩目前尚没有成功应用的案例。

2　工程概况

某项目地处汕头市龙湖区核心位置，原始地貌上属韩江三角洲冲积平原前缘地带及近岸滩涂地段，后经人工填土而成的现有场地。根据地勘资料显示，施工场地在勘探深度范围内的地层有填土层、中细砂层、淤泥层、中粗砂层、黏土层、全风化花岗岩层、强风化花岗岩层、中风化花岗岩层和微风化花岗岩层。典型地质柱状图见图 1。

工程桩均按嵌岩桩设计，有 $\phi1000$、$\phi1200$、$\phi1400$ 三种直径，塔楼工程桩桩端要求进入中风化或微风化花岗岩，实际施工中成桩桩长在 45m～70m 之间。

3　桩机和钻头类型

桩机：配备金泰 SH36H 和 SH30H 大功率旋挖机设备，满足桩端进入中风化花岗岩的设计要求。

钻头：配备多种规格的截齿（子弹头）钻筒及牙轮钻。

4　辅助设施和材料

挖掘机、吊车、钢护筒、履带式震动钳、优质泥浆等。

地层年代	地层编号	高程(m)	深度(m)	厚度(m)	柱状图图例 1:250	地层描述
Q_4^{ml}	①	1.74	1.10	1.10		① 素填土：灰黄色—浅灰色，干—湿—饱和，主要由填砂土混杂碎石、混凝土块组成，稍具压实度。
	②	-4.96	7.80	6.70		② 细砂：黄灰色—灰色，饱和，松散—稍密状，以稍密状为主，砂粒均匀，含泥5%~20%，级配差。
Q_4^m		-9.06	11.90	4.10		③ 淤泥混贝壳、淤泥质土：青灰色—灰色，饱和，流塑。淤泥混贝壳含贝壳约20%~40%，局部达50%~60%；淤泥质土呈灰色—暗灰色，部分软塑态，土状纯，含少量暗色腐植物。
	③	-11.36	14.20	2.30		
		-12.26	15.10	0.90		④ 粉质黏土、粗砂：浅黄色—黄色—杂色。粉质黏土呈可塑态，含砂约15%~25%；粗砂呈饱和，中密状，石英砂粒呈次圆状，级配好，大体砂质较纯。
	④	-18.66	21.50	6.40		
Q_3^{mc}	⑤	-24.26	27.10	5.60		⑤ 灰色黏土：灰色，软塑态。大体质纯，少量粉砂微层及腐植物残片。
						⑦ 粉质黏土：灰黄色—黄色—杂色。可塑态，含砂约15%~25%，部分含砂较少为黏土。
	⑥	-30.86	33.70	6.60		
		-32.26	35.10	1.40		⑧ 强风化花岗闪长岩带：肉红—浅绿—灰白色，硬—坚硬。中粒花岗结构轮廓较清晰，上部多呈土状—砂砾状，下部过渡为碎块状，节理裂隙及劈理很发育。
$\gamma_{\delta 5}^{2(3)}$	⑧	-40.76	43.60	8.50		
	⑨	-44.36	47.20	3.60		⑨ 中风化花岗闪长岩带：肉红色—浅绿—灰白色，坚硬状。中粒花岗结构，粒径2~5mm，具退色现象。节理、裂隙很发育，岩芯呈碎块状—块状。
	⑩	-49.46	52.30	5.10		⑩ 微风化花岗闪长岩带：肉红色—浅绿—灰白色，致密坚硬状。中粒花岗结构，粒径2~5mm，具退色现象。上段裂隙、节理发育，岩芯呈短柱状，局部呈碎块状；中、下段风化程度减弱，但岩芯多以短柱状为主，局部呈长柱状。

图 1 典型地质柱状图

5 主要施工工艺

5.1 钢护筒的选用和埋设

沿海的地质状况反映砂层较厚，回填土以下的细砂层厚度大多达到 5m～8m，为避免施工过程中出现塌孔现象，总结近几年旋挖桩在深厚砂层施工未能取得成功的经验教训，经反复研究，决定采用 8m 长钢护筒，由 14mm 厚钢板卷制加工而成，护筒内径较桩径大 20cm。实践证明，个别桩因钢护筒供应不足而临时采用 6m 长的护筒时出现了塌孔现象，因此采用 8m 长的钢护筒的决定是合适的。

埋设钢护筒时应使钢护筒中心与钻机钻孔中心位置重合并确保钢护筒垂直，在埋设到位后即在钢护筒周围均匀地回填较好的黏土并分层夯实，防止护筒位移及避免泥浆流失。

5.2 履带式震动钳的应用

钢护筒长度达 8m，若按常规靠旋挖机自身下护筒将耗时近 2 个小时，会耗费大量旋挖机台班，严重影响旋挖机的钻孔效率和效益，通过改装履带式震动机，变成履带式震动钳，专用于振动下压钢护筒及拔护筒，从而大大提高了施工工效。

5.3 泥浆配备

泥浆质量的优劣对能否顺利成桩有很大的影响。由于场地砂层较厚，钻孔过程中若没有采用优质泥浆护壁，钻孔壁将非常容易坍塌。泥浆主要采取外运供应，经过加膨润土、纯碱、纤维素等配料拌合而成优质泥浆（若需自主造浆，配料具体掺入比例可按 $1m^3$ 水加 200kg～300kg 膨润土和 2kg～3kg 纯碱）。通过重新调整泥浆配比，增加了泥浆的黏性及润滑感，也增强了絮凝能力，从而确保了护壁泥皮的厚度及强度。泥浆性能指标应符合表 1 的规定。

<table>
<tr><td colspan="5" align="center">泥浆性能指标</td><td>表 1</td></tr>
<tr><td>地层条件</td><td>泥浆比重</td><td>泥浆黏度</td><td>含砂率</td><td>胶体率</td></tr>
<tr><td>黏性土层</td><td>1.05～1.10</td><td>17s～20s</td><td rowspan="2"><3%</td><td rowspan="2">>98%</td></tr>
<tr><td>砂层</td><td>1.15～1.25</td><td>17s～20s</td></tr>
</table>

5.4 钻进成孔

钻进过程中应保证泥浆面始终不低于护筒底部 50cm，并严格控制钻进速度，钻头的升降速度宜控制在 0.6m/s～0.8m/s，特别在砂层中，升降速度应更加缓慢。在钻杆孔排渣、提钻头除土或故障停钻时，应保持孔内具有规定的水位及需要的泥浆比重和黏度；处理孔内事故或停钻时，必须将钻头提出孔外。泥浆在使用过程中应始终保持高出孔外水位或地下水位 1.0m～1.5m。

经检验达到设计要求并在基底岩样确认后终孔，对孔内存在的泥浆，采用泵吸反循环抽浆的方法清孔，清孔过程中必须注意保持孔内水头，防止塌孔，不允许无故长时间停止泥浆循环。清孔时合理控制泥浆的黏度与含砂率，经质量检查合格的桩孔，及时灌注混凝土。

5.5 辅助措施

5.5.1 泥浆的跟进管理

施工过程应有专人对泥浆质量进行跟踪管理，检测泥浆池内泥浆的含砂率、比重和黏度，及时搅拌优质浓泥浆补充于泥浆池中，特别遇到大雨天，更需要确保泥浆质量。大雨天尽可能减少开孔数量，或不新开孔，避免因大量雨水流入孔内使泥浆浓度太稀出现塌孔现象。

5.5.2 加快入岩后的钻进进度、减少孔壁闲置时间

通过改良钻具，根据不同桩径和岩层选用不同钻头，对其切岩的角度作调整，特别对倾斜岩面钻进的力度进行研究并加以改进。通过合理地选择和调整钻具截齿的角度，使钻具具有合适剪切力的同时，又具有较高的压入载荷，旋挖钻机入岩能力与效率明显提高。对于硬度较小的强风化岩层，斗齿的切入角度应稍大些，而钻入较硬的花岗岩层，斗齿的切入角度则应稍小些。另外，选用技术好的机师操作，不断调整钻进工艺，从而大大提高入岩阶段的施工效率。

5.5.3 提高清孔效率

经反复试验，对反循环泵加以改造，调整其运行功率，做到既加快抽浆、排渣速度，又能保证孔壁的稳定，二次清孔后的泥浆比重控制在 1.08～1.12。

5.5.4 减少泥浆静置时间

通过紧凑的施工组织，加快钢筋笼的制作、运输和下导管的速度，合理调配混凝土供应时间，争取在清孔完成后半小时左右开始进行灌桩，从而减少泥浆静置时间，避免出现塌孔的现象。

6 大直径旋挖试验桩的施工

本项目原设计有部分工程桩直径达到 2m，考虑到大桩径旋挖桩施工的超高难度以及各种不确定的安全隐患，经多方综合分析，决定通过试桩来检验顺利成桩的可能性。

施工中选择金泰 SH36H 旋挖机进行作业。钻头配备有多种规格的截齿（子弹头）钻筒、牙轮钻和岩心套钻筒，采用直径 2.2m、长 8m 的钢护筒。

2m 桩径入岩段钻孔需分三次钻进，先用 1.2m 钻头钻进，再用 1.4m 钻头扩钻，最后用 2.0m 钻头成孔。因施工场地处在市中心繁华地段，晚上无法连续作业，旋挖机暂停作业后安装导管进行循环以减少塌孔的可能，第二天开钻前再拆除导管继续钻孔。

试桩初、中期还算顺利，但在第二天晚上施工至孔深 50 多米时，即在进入强风化岩层施工中出现明显的塌孔现象而无法继续钻进，为确保安全，决定终止施工并第一时间采用黏土进行回填处理，试桩未能取得成功。

从试桩的结果来看，因汕头东区普遍地质条件较差、砂层较厚，部分区域岩层较深，而大直径旋挖桩成桩时间比小直径桩要长很多，这增加了孔壁的不稳定性，塌孔的概率明显加大。一旦出现较大塌孔，产生的塌方量也将非常大，除了施工场地本身的安全之外，

也很可能对周边道路环境造成较大影响，因此不建议在类似场地进行大直径旋挖工程桩的施工。

7 旋挖工程桩技术经济分析

旋挖工程桩技术经济分析见表2。

旋挖工程桩技术经济分析		表 2
技术特点	成孔工效	施工成本
（1）适用于各种土层和岩层	（1）在 $\phi1000\sim\phi1400$ 小桩径桩基础施工中效益明显，成孔工效在长桩成孔中更具优势。在进入中、微风化岩层时，与同样具有入岩能力的冲孔桩机相比，其工效体现得更加突出，更适合在入岩深或岩层多变的情况下进行施工	旋挖成孔相对于冲击成孔而言，其成孔工效为后者的 4～6 倍，而成孔费用平均为后者的 1.3～1.5 倍，其费用增速较缓但工效增速迅速。在增加费用的同时，其成孔工效大幅度提高，这对缓解工期压力极为有利，时间成本效益非常突出
（2）采用动力钻头，钻进能力强，成孔速度达到 0.5m/min～0.8m/min，在相同的地层中，旋挖机的成孔速度是冲孔桩机的4～6倍		
（3）钻进过程中，钻进垂直度控制精确，成孔质量高，充盈系数一般为1.03～1.05	（2）由于旋挖钻机嵌岩施工效率的提高，大大缩短了成孔时间，从而也降低了钻机燃料的消耗；另外，多钻头组合施工、科学合理地利用钻机钻具的性能，降低了钻具损耗，节约了成本	
（4）当达到预判的深度后可直接将挖掘的岩土提升到地面，直观准确地判断入岩情况		
（5）施工现场废浆少污染小，低震动低噪声，能减少施工扰民和环境污染		

8 施工效果评价

对完成的旋挖桩，经静载、抽芯、超声波和低应变检测，除少数桩有轻微缺陷，属于Ⅱ类桩外，大部分检测桩桩身完整，属于Ⅰ类桩，Ⅰ类桩比例达到90％以上；静载结果表明，桩顶沉降均匀、稳定，沉降量和承载力满足设计要求。

9 类似场地的工程应用实例

该区域另外一个项目施工中，在深层部分位置因黏土夹层缺失使得砂层厚度达到20m～30m的情况下，通过进一步严格控制泥浆质量和优化施工工艺，个别桩长近80m的桩基都得以顺利施工。目前该项目也已经完成桩基的施工，工程桩检测满足规范和设计要求。

10 结论及建议

旋挖钻进技术具有自动化程度高、成孔效率高、良好的环保性等特点，因而具有广泛的使用基础。通过改进施工工艺使其在深厚砂层场地的施工取得成功，应用范围进一步延伸。若对清孔（渣）施工工艺再加以改进和优化（目前已有"黑旋风"泥浆净化装置），将大大缩短清孔时间，加快施工进度，塌孔现象也能得到更为有效的控制，工程桩质量更有保障，节省施工费用。旋挖桩（图 2）是一种较为理想的绿色施工工艺，经济效益和社会效益将会越来越明显，将给汕头地区工程桩的施工带来新的选择，为本地区的桩基施工注入新活力。

图 2　旋挖桩实拍

参考文献：

[1]　郭雁平. 谈深厚砂层中旋挖桩施工技术 [J]. 山西建筑. 2015，24：57-58.
[2]　GB 51004—2015 建筑地基基础施工规范 [S]. 北京：中国计划出版社，2015.

大口径旋挖钻机在枫江特大桥桩基施工中的应用

付海滨，肖亮坤

（汕头市勇坤建筑工程有限公司，广东 汕头 515000）

[摘要]：枫江特大桥地质条件复杂、岩石层强度大。在桩基施工中，为了不影响施工进度，率先采用先进的大口径旋挖钻机进行桩基施工，不仅大大提高了施工效率，成桩质量也得到有效控制。本文对此加以分析。

[关键词]：大口径旋挖钻机；桩基施工；应用

1 工程概况及地质特点

枫江特大桥全桥总长 88.00m＋160.00m＋88.00m，主桥设计 3 跨共有 4 个墩台。其中 2 个主墩（4、5 号主墩）设计在两江岸堤内江水淹没的漫滩上，施工是在用管桩、贝雷梁和钢板搭建的水上平台上进行。施工平面布置见图 1。桩位打入永久性非承重钢护筒，钢护筒直径 2.30m、长度 16.00m～18.50m，钢护筒底端进入粉质黏土层。4 号墩台桩基 20 根，桩径 2.00m，桩长 68.00m，桩孔深度 80.50m；5 号墩台桩基 20 根，桩径 2.00m，桩长 77.00m，桩孔深度 90.30m。

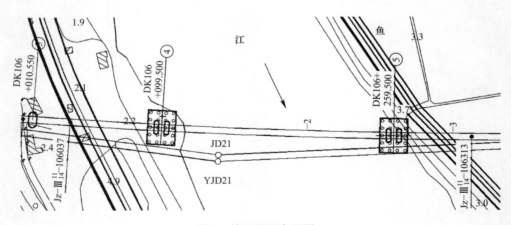

图 1 施工平面布置图

该桥址区域地貌依山傍水，江水一般冲刷深度 12.00m。地质组合情况复杂：覆盖层为淤泥质土、粉质砂土类、黏土类等交互层组成，工程性能极差，覆盖层厚度在 47.00m～52.00m；基岩层为强风化、弱风化砂岩层组成，工程性能好，弱风化砂岩抗压强度为 30MPa，桩身进入弱风化砂岩 15.60m～22.80m。

2 桩基施工方案确定

由于桩基口径大、长度深和岩石硬度高，为确保该枫江特大桥桩基施工按期完成，需要选择一种效率高、成孔质量好的钻孔施工方案。一般普遍采用冲击钻施工的方式，冲击式钻机作为灌注桩基础施工的一种重要钻孔机械，主要结构件、零部件大部分由通用、标准件制作，具有结构简单，使用维护便捷的特点。它利用钻机的曲柄连杆机构，将动力的回转运动转变为往复运动，通过钢丝绳带动冲锤上下运动，通过冲锤自由下落的冲击作用，将土沙、卵石或岩石破碎，钻渣随泥浆通过泥浆泵排出，从而达到成孔的目的。

针对冲击钻施工的特点和施工中存在的不足，根据枫江特大桥具体的地质条件和具体施工要求，通过调查决定选用大口径旋挖钻机进行桩基施工。

3 旋挖钻机施工特点及技术参数

3.1 旋挖钻机施工特点

旋挖钻机施工在国际上的应用已经有几十年的历史，近几年在国内逐渐被认识和应用，成为近年来发展最快的一种新型桩孔施工方法。旋挖钻孔施工技术被誉为先进的施工工艺，其特点是工作效率高、施工质量好、泥浆污染少。

旋挖钻机是一种多功能、高效率的成孔设备，可实现垂直度的自动调节和钻孔深度的精确计量。旋挖钻孔施工是利用钻杆和钻斗的旋转，以钻杆、钻斗自重并加液压力作为钻进压力，使土屑装满钻斗后提升钻斗出土，通过钻杆、钻斗的旋转、挖土、提升、卸土和泥浆置换护壁，反复循环而成孔。自动化程度和钻进效率高，钻头可快速穿过各种复杂地层。它配有多种形式钻头：如挖斗、短螺旋、筒钻和取岩芯钻头等，根据地质条件的不同，可更换不同的钻头，以达到高速、高质的成孔要求。

3.2 本工程所选机械性能

枫江特大桥桩基施工所选上海金泰 SH36 旋挖钻机技术参数如下：

(1) 发动机 Cummins QSM11 300kW

(2) 整机重量：95t

(3) 动力头最大扭矩：360kN·m

(4) 动力头转速 6r/min～30r/min

(5) 最大钻孔直径：2.80m

(6) 最大钻孔深度：用 5 层摩擦钻杆可达 100m

(7) 牵引力：650kN

(8) 最大起拔力：300kN

(9) 最大压力：300kN

(10) 最大液压系统压力：330bar

(11) 主卷扬最大有效拉力：420kN

（12）主卷扬最大速度：60m/min

（13）钻桅最大高度：27.50m

4 具体运用

根据施工现场平台的具体条件，在枫江特大桥 4 号、5 号主墩使用 2 台上海金泰 SH36 旋挖钻机同时施工，2 台旋挖钻机各自完成 20 根桩。在旋挖钻施工过程中，还体现出以下优点：

（1）自动化程度高、成孔速度快、质量高。该钻机为全液压驱动，计算机控制，能精确定位钻孔、自动校正钻孔垂直度和自动量测钻孔深度，最大限度地保证钻孔质量，工效大大优于冲击钻机。

（2）伸缩钻杆不仅向钻头传递回转力矩和轴向压力，而且利用本身的伸缩性实现钻头的快速升降，快速卸土，缩短了钻孔辅助作业的时间，大大提高了钻进效率；本工程施工使用摩阻钻杆，施工中控制动力头的压力和钻速与切削岩石破碎阻力达到三点摩擦平衡，克服摩阻钻杆自身滑动而损坏钻杆，保证施工顺利进行。

（3）环保特点突出。施工现场干净，避免了使用泥浆所带来的环境污染。该机通过钻头旋挖取土，再通过凯式伸缩钻杆将钻头提出孔内再卸土，有效降低了排污费用，并提高文明施工的水平。

（4）该机使用履带底盘承载，接地压力小，适合于各种工况，在施工场地内行走移位方便，机动灵活，对桩孔的定位非常准确、方便。

5 旋挖钻机施工重点工艺步骤及注意事项

5.1 长护筒定位

桩基定位后，根据桩定位点拉"十"字线放四个控制桩，以四个控制桩为基准校正桩位，形成定位导向。长钢护筒安设的垂直度对桩体垂直度影响巨大，倾斜率应小于1%。

5.2 钻孔定位

桩位复核正确，旋挖钻机才能就位；桩机定位要准确、水平、垂直、稳固，钻机导杆中心线、回旋盘中心线、护筒中心线应保持在同一直线。旋挖钻机就位后，利用自动控制系统调整其垂直度，钻机安放定位时，要机座平整，机塔垂直，转盘（钻头）中心与护筒十字线中心对正后，方能进行钻孔作业。

5.3 成孔工艺

覆盖层施工：使用直径 2.00m 的钻头直接成孔。施工中对于"砂层和淤泥质土"层控制"回次"进尺，限制泥浆参数：相对密度不得低于 1.15；胶体率 98% 以上；含砂率小于 6%。保证泥浆参数是控制"缩孔和塌孔"的主要措施。

基岩层施工：根据基岩的风化程度分别使用直径 2.00m 的挖斗钻头直接成孔；当接

近强风化地层时弱风化残余块状体逐渐增加，切削阻力增加就使用直径 1.50m 挖斗钻头和直径 2.00m 挖斗钻头"分级扩孔"进行成孔施工；当岩石硬度增大时使用直径 1.50m牙轮筒钻进行施工，然后再使用直径 1.50m 挖斗钻头和直径 2.00m 挖斗钻头进行"分级扩孔"成孔施工。

在成孔过程中利用不同形式的钻头机械压力对岩石层"破碎程度"效果进行判断的方法是：

（1）跃进破碎：机械压力大于岩石的极限强度或者压入硬度，岩石产生"跃进破碎"，破碎的岩石颗粒较大，多呈块状。

（2）疲劳破碎：机械压力未达到岩石的极限强度或者压入硬度，破碎是钻头与岩石多次接触，使岩石产生裂纹如此反复作用，岩石的强度降低到一定程度产生破碎，破碎形成大颗粒的岩石碎屑。

（3）研磨破碎：机械压力显著小于岩石的极限强度或者压入硬度，岩石破碎依靠反复摩擦切削进行，形成的破碎颗粒小，使钻头的磨损程度大。

在岩石地层中使用该"判断方法"来指导选择钻头的型式、动力头的钻速和压力，使摩阻杆始终处于"摩擦阻力"的状态，从而取得岩石施工更高的效率和减少钻头消耗。

5.4 钻进成孔

根据护筒标高、桩顶设计标高及桩长，计算出桩底标高，输入程序，以便钻孔时加以控制。钻机就位时，必须保持平整、稳固，不发生倾斜。为准确控制孔深，应备有校核后百米钢丝测绳，并观测自动深度记录仪，以便在施工中进行观测、记录。成孔中，按试桩施工确定的参数进行施工，设专职记录员记录成孔过程的各种参数：钻进深度、地质特征、机械设备损坏、障碍物等情况。记录必须认真、及时、准确、清晰。钻进过程中经常检查钻杆垂度，确保孔壁垂直。钻孔过程必须检查钻头直径、钻头磨损情况，施工过程对钻头磨损超标应及时更换。根据土层情况正确选择钻斗；钻进过程中必须控制钻头在孔内的升降速度，防止孔壁塌方。钻进成孔过程中，根据地层、孔深变化，合理选择钻进参数，保证成孔质量。钻进施工时，及时将钻渣清运，保证场地干净整洁，以利于下一步施工。孔深达到要求停钻后，应注意观察，确保孔壁的稳定。

6 结语

通过在枫江特大桥桩基工程施工过程中使用旋挖钻机成孔可知，该方法具有质量可靠、成孔速度快、成孔效率高、适应性强、环保的特点。

澄海猛狮国际广场工程深基坑施工技术

曾亮生，肖文杰，林楚生

(广东省第二建筑工程有限公司，广东 汕头 515000)

[摘要]：本文通过综合介绍潮汕地区淤泥夹渣地质条件下的深基础旋挖施工技术，为同行提供技术借鉴。

[关键词]：深基坑；旋挖桩；环拱支撑

1 工程概况

汕头市猛狮房地产有限公司投资建设的澄海猛狮国际广场工程由汕头市粤东工程勘察院负责地质勘查，广东南雅建筑工程设计有限公司设计，广东省第二建筑工程有限公司承建。工程地处汕头市澄海区卜蜂莲花超市南侧，位于新老市区交界处，紧邻 324 国道，总建筑面积 125600m²（其中地下 33500m²，地上 92100m²）；地下室三层，方形基坑长约 106m，挖深 12m，是汕头市的深大基坑。项目地处潮汕平原韩江出海口，属亚热带海洋性气候，雨量充沛，地质特征为三角洲冲积平原。地质土主要以淤泥质土夹厚砂层，呈交替夹层出现为主，工程基坑设计采用钻孔桩＋搅拌桩＋高压旋喷桩的方案。工程基坑边缘距离 324 国道只有 6m 左右，施工危险因素多，施工难度大。工程概况照片见图 1。

图 1 工程概况照片

本工程具有规模大、工期紧、场地条件差、交通地质条件复杂等施工技术难点，主要包括：

（1）基坑开挖范围内存在流塑状、高压缩性的厚层的淤泥、淤泥质土，它具有高触变、高压缩性、承载力低、工程物理力学强度低等特点，地基土稳定性极差。第 1、3 层人工填土及细砂，开挖时可能产生流砂、流土、管涌等现象。由于基坑底部存在淤泥，具有流塑性、高压缩性和灵敏度高、易触变等不良地质现象，容易引起坑底隆起。另外，场地浅部存在饱和砂层，综合判定液化等级为中等。

（2）超深基坑支护工程：基坑深 12m，基坑面积超过 1.2 万 m²，方形基坑采用方框圆拱支护工程施工，在潮汕尚属首次，没有任何经验可供借鉴，在为土方开挖创造条件的同时也考验支护结构的稳定性。

（3）灌注桩施工：高水位淤泥夹砂层条件下的钻孔灌注桩采用旋挖方式施工在潮汕地区属于探索性施工模式，施工风险大。

（4）深基坑土方开挖：13.5 万 m³ 的土方开挖工作量，开挖方案是否合理将直接影响着工程的安全、质量和进度。

（5）大体积混凝土需采用对称施工的方案，需与整个基坑支护及土方方案综合考虑。

（6）雨期施工安全措施。

2 深基坑施工技术特色管理措施

超深基坑围护方案是工程施工的重中之重，方案是否合理、先进，将直接影响着工程的安全、质量、进度、效益等方方面面。项目部管理人员打破常规思维，根据工程地形和地质特点，经综合分析对比，进行了两个方面的大胆创新：一是建议设计院修改原来的纵横撑加角撑的支护方案，改用圆形环拱支撑方案，得到设计院的复核认可；二是大胆尝试潮汕软基地质条件下的旋挖桩施工新技术。

施工单位通过目标管理措施攻克客观存在的施工难题：

（1）基坑结构支护桩和基础工程桩均采用旋挖桩机施工方案。根据地质的特殊性设计尝试新的施工方法，形成新工法，并成功申报广东省施工工法。

（2）采用封闭基坑施工方案。本工程地质主要以淤泥、淤泥质土及砂层或交替夹层为主，且地下水储量丰富，水位高，其空隙潜水及承压水对施工影响较大。在粤东地区该地质条件采用旋挖桩机进行桩基础施工还未有先例，成孔过程中出现夹砂层较厚、场地地下水位、水压均较高等情况，容易造成塌孔、缩径等问题，导致混凝土充盈系数值较大或引发施工塌孔事故，增加施工难度及成本，成桩质量难以保证。通过研读地质报告，组织聘请同行相关技术人员分析本工程地质特征，利用本工程基坑围护工程桩施工工期较长的有利条件，最后确定采用先施工水泥搅拌桩固结土体封闭基坑，进行基坑内井点降水，再旋挖支护结构桩和基础桩的施工方案；坑内降水与支护桩、基础桩施工同步进行，前期采取白天降水，晚间停降方式进行，中后期采用间歇式降水并坚持每天观测地下水位，以上措施直至地下水位降至基础底板以下 800mm 处，保证土方开挖过程不需再降水。以上措施确保工程桩施工过程，坑内土体逐步固结，含水率逐步降低，既保证土体干燥，又为生产安全、文明施工提供良好的施工条件。

正方形基坑四周双排格构式搅拌桩的围护施工，施工技术工艺和水泥掺入量按普通同类工程进行控制，$\phi600$ 桩径搭接 150mm，水泥掺量 15% 常规控制，搅拌桩桩长控制在 18m～20m 之间。通过双排搅拌桩的施工将基坑内外地下水源切断，形成闭合的止水帷幕，为旋挖桩（包括基坑支护桩和工程桩）的施工创造条件。坑底被动区局部采用 $\phi600$ 水泥搅拌桩加固防止坑底隆起，桩顶标高 −12.4m（上部为空桩）。在基坑支护桩完成后，随后安排双管高压旋喷桩施工工艺，目的是确保整个基坑止水帷幕能够彻底闭合，严防渗水，为坑内工程桩采用旋挖施工工艺提供有力的施工安全保证和技术支撑。

方形基坑结构支护桩紧贴搅拌桩采用 $\phi1200$ 灌注桩布置，中心距 1.4m，共 311 根；由于土体的固结作用对旋挖施工的速度控制、孔径和垂直度控制效果更加明显，旋挖过程对搅拌桩的搭接缺口也有修补的作用，加上混凝土内支撑体系在方形基坑内 −1.7m 及 −6.4m 标高处各布置一道水平支撑梁，坑内支承立柱采用 50 根钢格构柱，柱下为钻孔灌注桩基础。基坑中部及压顶采用圆形环拱压顶梁形式，方形基坑与环梁相切处局部加强扩大形成月牙板，既加强了整个支护结构的刚度，又给基坑中央提供至少 4800m² 以上的特大中空作业空间。特大中空作业空间既方便土方外运和施工原材进出，又使整体支护结构对称均匀受力，提高作业安全度。

旋挖灌注桩施工具有施工进度快，出土方便、场地文明，桩身完整性好，抗剪、抗弯、抗拔能力强等特点，适用于各种抗震设防烈度，但在淤泥质土含水量多的潮汕地区易出现坍孔、缩颈等技术难题，造成成孔效果差甚至无法成孔而影响施工方案的抉择。为此提前邀请汕头市多位岩土专家共同商讨对策，修善专项方案，并得到业主和设计院的同意后才交付具体施工。施工中大胆尝试，对珠三角地区普遍采用的旋挖桩施工技术进行工序、工艺调整改进，通过添加多种外加剂调配高黏且触变性好的护壁泥浆防止塌孔；并视不同土层采用"慢速旋挖"和"缓慢提钻"等技术措施，探索出一套新的施工工艺和措施，突破在潮汕地区尚未有工程应用成功的现状。

土方开挖采用"中心留岛"的开挖方案，将整个基坑纵横分为九大板块，正中央为中心岛板块，其他八个板块采用对称开挖，促使坑内应力对称释放。土方开挖过程穿插落实支护排桩桩间土的挖除防渗措施及两道支撑梁施工（支撑梁施工过程严禁对基坑进行降水），由于基坑密闭性好，前期降水措施得力，加上土方开挖期间雨量少，整个开挖过程坑内土体干燥含水率极低，基坑支护结构稳定，坑顶位移变形值及坑内外水位变化均在设计要求的报警值以内，为安全生产、文明施工带来了极大的便利。工程于 2014 年 7 月顺利完成地下室底板，并于 10 月底完成地下室顶板结构。

3　施工成效

工程历经一年多时间奋战，最后达到预期的技术经济目标。施工中积极采取密闭稳固基坑、切断水源并降低坑内水位、加速土体固结、放缓旋挖速度、改良工艺等措施，以满足新工艺的技术要求条件。项目部在本深基础工程中实行的精细化施工技术，已取得良好效果。该成果通过提炼已形成"超深方形大基坑环拱压梁的基坑支护施工技术"和"高水位及淤泥厚砂交替夹层条件下的旋挖桩施工技术"两项广东省省级施工工法（2015 年度）。

4　结语

本工程的施工实践证明，在淤泥层厚、地下水饱满的潮汕地区，采用闭合基坑旋挖桩施工作业是可以取得成功的。

振动打入式拉森钢板桩在潮汕沿海地区应用的局限性

刘斌

（广东恒胜建设监理有限公司，广东　汕头 515000）

[摘要]：在项目开发建设过程中，多层地下室支护结构设计和施工对工程项目安全、质量、工期及造价起着至关重要的作用。拉森钢板桩作为挡土、挡水等用途的支护结构，具有绿色、环保，施工速度快、费用低，防水功能好的优点。但在潮汕沿海地区深基坑（开挖深度达到或超过 5m）支护，特别是住宅小区多层地下室基坑支护应用中却存在一定的局限性。本文通过具体工程案例加以说明。

[关键词]：拉森钢板桩；基坑支护；深基坑；潮汕地区

1 工程概况

1.1 工程基本概况

工程项目位于澄海城区中心，主要由 3 幢 18～26 层商住楼构成，含 1～2 层地下室，总建筑面积 109242m²，地下室面积约 16300m²。基坑呈不规则四边形，周长约 520m，基坑开挖深度为 7.00m（二层地下室部分），局部需开挖 8.50m（梯井、承台部分）。其东侧为宁川西路，基坑开挖边线距离路中心线 9.75m；南侧为区间路，基坑开挖边线距离中线 5.75m，区间路南侧为在建另外一个住宅小区；基坑边线相距 21.5m；西侧为空地，北侧有池塘养鸭场。

1.2 工程地质情况

根据工程地质勘查报告，该项目场地具有潮汕沿海地区冲积平原典型地质地貌特征。地下水主要有土层潜水及孔隙承压水，特别是第③层，透水性强，储水量丰富；勘探过程测得各孔地下综合稳定水位埋深 1.13m～1.41m。钢板桩深度范围内土层依次为：

① 杂土、耕表土层：灰黄—灰褐色。本层由上部杂填土及下部耕表土组成，可塑，层厚 1.20m～2.30m。

② 淤泥层：深灰色，流塑，高压缩性，层位分布稳定，层厚 0.90m～2.4m。

③ 细砂层：灰—深灰色，饱和，不良级别，松散～微密。以细砂粒为主，含泥质，层厚 0.60m～4.20m。

④ 淤泥层：深灰色，流塑，高压缩性，含腐殖质、粉砂团包及少许贝壳碎片。层位分布稳定，层厚 11.30m～15.05m。

⑤ 黏土、细砂层：灰—灰黄色，本层普遍由上部黏土层及下部细砂层组成，由黏粒

和少量中细砂粒组成，黏性强，局部夹薄层粉质黏土，呈可塑状态；细砂层全场地分布，以细砂粒为主，含泥质，不良级配，饱和，中密。层位分布稳定，层厚（含黏土、细砂）1.40m～4.80m。

⑥淤泥质土层：深灰色，流塑，高压缩性，腐殖质含量约占2%，有嗅味。层位分布稳定，层厚0.80m～3.00m。

⑦中砂层：灰—灰白色，饱和，中密—密实。级配良好，含泥质。层位分布稳定，层厚0.80m～7.45m。

1.3 基坑支护结构设计选型

本住宅小区地下室基坑支护结构采用拉森钢板桩，二层地下室范围采用双排长18m，型号为Ⅳ钢板桩支护，桩入土深度约20.5m；一层地下室和一、二层地下室相邻范围采用单排长12m，型号为OT-22钢板桩支护，桩入土深度约13.5m。基坑支护结构平面图见图1。

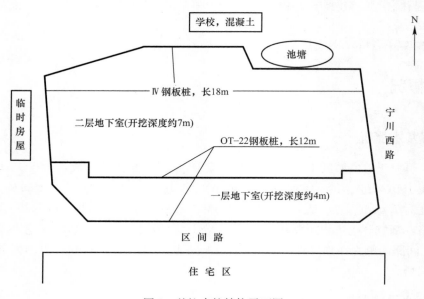

图1　基坑支护结构平面图

2 工程施工过程

在拉森钢板桩施工完成后，施工单位按计划从西北和东北开始土方开挖，当两边开挖深度达到3.5m时，北侧三个基坑变形监测点观测值分别达到18cm、23cm、17.5cm。北面围护结构外侧地面出现裂缝，围墙倾斜开裂，支护结构出现渗水点。施工单位暂停土方开挖，拆除北侧围墙，用麻丝水玻璃填堵渗水点之后，土方改为分块分层开挖，先开挖东北角的土方。当挖至设计深度时，北侧中间监测点最大位移已达85.7cm，大大超出设计、规范要求控制值。因此，不得不暂停施工，并启动应急预案。险情照片见图2、图3。

经分析认为，钢板桩支护为悬臂结构，固定端仅位于⑤～⑦土层，即细砂和中砂层，当基坑开挖至第④层淤泥质土层时，悬臂构件被动区十分薄弱；加之坑外水位埋深1.13m～

图 2　内支撑受力变形

图 3　地面裂缝

1.41m，水头高，侧压力大——构件的自由端承受较大的侧压力。如继续开挖，变形将非常大，有整体坍塌的可能性，应及时在支护结构适当位置设置压顶梁、内撑和斜撑，基坑施工也只能采用分层、分段、分块边支护边开挖，完成开挖后快速浇筑地下室承台、底板混凝土。

3　应急措施

3.1　斜撑

基坑内采用 ϕ500mm 的钢管斜撑，如图 4 所示。

图 4　钢管斜撑

3.2　水平支撑

基坑角部增加工字钢与混凝土压顶梁形成水平支撑，如图5、图6所示。

图 5　基坑角部增加工字钢

图 6　混凝土压顶梁形成水平支撑

3.3　工程采用应急措施后的情况

（1）地下室基坑施工（至地下室顶板浇筑完成）工期比原计划慢了三个月。

（2）工程 PHC 管桩基础反射波检测异常量比普通工程多 12%。

（3）基坑施工应急措施费用（包括对反射波检测异常工程桩设计补强处理）约 250 万元。

4　基坑支护结构思考

由上述具体工程项目可见，钢板桩侧向刚度差，易产生支护结构变形过大的问题，应根据具体项目情况考虑其适宜性，如采用应注意根据具体项目情况合理设计与施工。

4.1　基坑支护结构常用方案的设计

（1）普遍采用的支护结构方案：水泥搅拌桩止水，混凝土灌注桩挡土复合支护结构（如本项目相邻地块的支护结构方案）。

（2）拉森钢板桩支护结构方案（如本项目的支护结构方案）。

（3）SW 工法（水泥搅拌桩中插入型钢的支护结构方案）。

（4）其他支护结构方案。

不管采用何种支护结构方案，均应经过专业人员的设计并注意施工问题。

4.2 支护结构及土方开挖施工应注意采取的措施

（1）为确保缓坡在地下室施工过程不受雨水冲刷，减少雨水渗入土体，应在缓坡表面铺设塑料薄膜或采取其他方法保护，坡坎外设排水沟或筑挡水土堤，坑内需设排水沟和集水井。钢板桩施打完成后，及时进行基坑内降水。

（2）地下室土方开挖时，内支撑范围内应按设计要求分段开挖，做完内支撑后方可进行挖土施工。土方应随挖随运，不允许堆在坑边，减少坑边堆载。如运输车辆需靠坑边时，宜采用搭设平台、铺设走道板等措施支撑重型设备，以减少基坑边荷载对钢板桩的侧压力。

（3）采取机械开挖土方时，须在坑底保留 20cm～30cm 土层由人工挖除铲平，不允许超深开挖。

（4）混凝土浇筑时与钢板桩有接触的，应把钢板桩隔离开，避免混凝土渗入钢板桩锁扣内，以便钢板桩顺利拔出。

（5）地下室顶板混凝土强度达到 75％且完成外围防水层施工方可拔桩。拔桩前应根据机械需要，需回填的应先回填，确保机械有足够工作面。拔桩采用带液压振动锤的挖掘机拔桩或采用吊机振动锤将钢板桩逐根拔出。

5 结语

潮汕沿海地区多为冲积平原，淤泥质土等薄弱土层较多，地下水（包括潜水及承压水）丰富且水位普遍较高。在深基坑大跨度地下室基坑支护结构中使用振动打入式拉森钢板桩时，应特别注意其侧向刚度差的问题，根据具体项目情况考虑其适宜性。如采用，则应注意根据具体项目情况合理设计与施工，使拉森钢板桩施工快速、方便、经济、环保等优势，在实际工程应用中尽可能发挥作用。

参考文献：

［1］ GB 50497—2009 建筑基坑工程监测技术规范［S］. 北京：中国计划出版社，2009.

［2］ JGJ 120—2012 建筑基坑支护技术规程［S］. 北京：中国建筑工业出版社，2012.

［3］ JGJ 311—2013 建筑深基坑工程施工安全技术规范［S］. 北京：中国建筑工业出版社，2013.

第五篇 地下水控制技术及其应用

潮州供水枢纽工程西溪电站厂房基坑承压水排水降压及内支撑优化

曹洪，潘泓，骆冠勇

（华南理工大学，广东 广州 510000）

[摘要]：通过对"潮州供水枢纽工程西溪厂房"深基坑这一成功设计实例的介绍，并从施工条件、工期、经济效益的角度综合考虑，讨论了深基坑的承压水排水降压和连续墙＋支撑支护结构的优化问题。基坑承压水降压采用减压井和局部旋喷封底相结合的方案，基坑底能满足抗浮要求，且引起邻近水闸的平均沉降为23mm，影响较小。在充分考虑施工条件的基础上，提出了钢筋混凝土支撑优化设计方案，并制定出相应的开挖方式。该方案满足大型机械施工条件，能大大提高效率，且为确保工期、降低工程造价创造了条件。工程实施结果表明，基坑满足抗浮要求，支撑体系满足支护结构控制变形及内力要求，工程安全完成。

[关键词]：承压水；减压井；内支撑优化

1 引言

潮州供水枢纽工程位于韩江下游潮州市区南郊两溪口附近，见图1。其中西溪、东溪各建一座水闸及发电厂房。西溪电站厂房位于韩江干流西溪河床中，河床高程为＋2.0m。

厂房基坑为矩形，南北向长161.6m，宽36.4m。基坑开挖最深处长度为12.8m，高程为－16.35m；上游方向长度为42.37m，开挖高程为－13.60m；下游方向长度为24.6m，开挖高程为－12.80m（见图2）。基坑东侧为原江心岛，将建为土坝；西侧距坑边51.8m为在建西溪水闸；距基坑南、北、西侧约50m均为混凝土围堰。堰外为江水，江水位在枯水期高程为＋2m～＋5m。

基坑开挖后坑底仅余较薄淤泥、淤质砂层，其下为深厚砂卵砾石层（见图2），难以截渗，当江水位达到施工期控制水位▽＋5.0m时，基坑底板局部承受的水头超过21m。基坑在高承压水头作用下，必将发生基底浮托等一系列问题。为确保基坑抗浮稳定，可以选择的方案有：

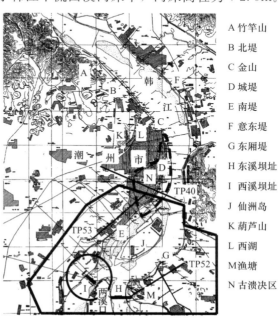

注：多边形区域表示计算区域，圆形区域表示坝址。

图1 工程位置示意图

A 竹竿山
B 北堤
C 金山
D 城堤
E 南堤
F 意东堤
G 东厢堤
H 东溪坝址
I 西溪坝址
J 仙洲岛
K 葫芦山
L 西湖
M 渔塘
N 古溃决区

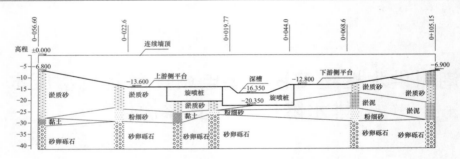

图 2　西溪电站厂房纵剖面示意图

① 旋喷桩全封底，利用重力平衡浮力；

② 强排水方案，在基坑边设置抽水井抽水降压；

③ 整体采用减压井减压，结合局部深槽处旋喷桩封底。

经方案比较[1,2]，方案①费用太高，工期长；方案②又会引起在建水闸发生较大沉降，故选择方案③。研究西溪电站厂房承压水降压问题，选择合理的减压井布置方式是保障西溪厂房基坑开挖和邻近在建闸室安全的前提条件。

由于河床上施工受汛期的限制，工期较紧，为减少在建水闸沉降，开挖时间应尽可能短；基坑底以下存在承压水水头较高，使得基坑底有水渗出，加大了施工难度。原基坑支护方案采用 800mm 厚地下连续墙支护，竖向未截断厚度较大的砂卵砾石层，在基坑内则根据开挖深度的不同分别设置 1～5 层钢管内支撑，支撑的竖向间距为 3m 或 3.5m，水平间距为连续墙槽段的长度（3.8m 或 4.0m），是安全可行的。但由于内支撑间距较密，施工空间小，大型机械无法进入，只能采用垂直吊运的土方运输方法，难以保证在一个枯水期内完成，且施工费用高。因此需提出支撑优化方案，并制定出相应的开挖方式。进行优化支撑布置，制定合理的开挖方案，是确保工期、降低造价的关键。

2　场区水文和工程地质概况

枢纽坝址附近地层总体上呈强弱透水层相间的地层结构。厂房场地土层从上往下为：

① 素填土：以粉土、粉质黏土加粉细砂为主。厚 3m～5m，仅在厂房左侧江心岛分布。

② 中砂：为河流相冲积层，呈松散状，厚 0.6m～2m，渗透系数 $k=9.8\times10^{-2}$ cm/s～9.82×10^{-3} cm/s。

③ 灰黑色淤泥或淤泥质黏土夹淤质粉细砂，层顶面高程 0.5m～1m。渗透系数 $k=4.02$ cm/s $\times10^{-7}$ cm/s。

④ 砂卵砾石，顶面高程约 -20m 左右，底面高程约 -50m，渗透系数 $k=2.23\times10^{-1}$ cm/s～2.51×10^{-2} cm/s。

场区地下水分布有潜水和承压水两种，由于上部砂层较薄，且由于围堰及其下的搅拌桩墙阻隔，上部潜水量较少，主要以下部承压水为主，承压水主要贮存在第④层砂卵砾石层，由于与韩江有密切水力联系[3]，水量丰富，其水头略低于基坑围堰上游江水面。开挖前在江水位为 2m 时，该强透水层在基坑附近实测承压水头为 1.7m。

3 承压水降压研究

3.1 计算方法及计算区域

根据地层特点，渗流计算采用改进的水平二向渗流有限元计算程序[4]。该程序适用于强透水与弱透水地层相间的区域地下水渗流场的分析计算，层数最多四层，计算范围可达数公里，可方便模拟地表沟塘引起的覆盖层变化，并可考虑防渗墙、减压井等各种工程措施对空间渗流场的影响。根据潮州浸没分析成果[3]，在厂房附近第③层弱透水层完整性较好，仅在上游侧距坝址3km处潮州市区有大范围缺失，地质报告定名为"古溃决区"，见图1。西溪厂房基坑渗流场计算为大区域计算。渗流计算区域北起3km外的"古溃决区"，南至坝下游1.5km，向东、西各延伸3km，如图1所示。

3.2 减压井布置

根据西溪电站厂房基坑抗浮稳定计算，考虑到在坝纵0+016.574m～0+048.5m范围内的基坑底面以下打设4m厚旋喷桩，见图2，并与已施工完毕的工程桩的抗拔力结合，提高该段的抗浮稳定性。因此，控制基坑抗浮稳定安全，主要由上游侧平台（坝纵0−022.6m～0+019.77m）建基面高程−13.60m和下游侧平台（坝纵0+044.0m～0+068.6m）建基面高程−12.80m控制，见表1。因此经方案比对确定西溪厂房基坑减压井基本个数为30，纵向3排，横向10排，其中上游侧共6排18井，下游侧共4排12井，纵向间距为8.0m，减压井布置见图3。减压井井径取0.15m，滤管长10m，伸入下层深厚的砂卵石层，顶部距上层弱透水层底面1m～2m。

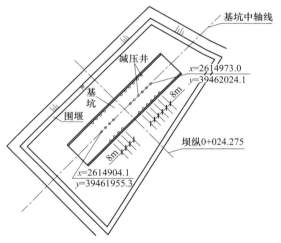

30个井：上游侧6排18个，下游侧4排12个，井径0.15m。

图3 减压井平面布置图

不同开挖深度允许水头值 表1

开挖高程（m）	允许水位（m）		
	上游平台	最深平台	下游平台
−6	1.8	10.8	1.2
−10	−4.2	5.4	−4.8
−11	−5.7	4.1	−6.3
−12.8	−8.3	2.1	−8.5
−13.6	−9.3	0.9	
−16.5		−4.3	

3.3 计算参数及边界条件

韩江 11 月~2 月十年一遇水位为 6.65m，一般情况下约 5m，因此取韩江水位 5m 进行计算。其他边界条件根据实际情况选取。

3.4 计算结果及敏感因素分析

计算结果表明随着减压井井口高程的降低，承压水头也逐步降低。根据表 1，通过调整井口高程，可以满足基坑抗浮稳定要求。如上游平台开挖到最深处−13.60m，允许水头为−9.3m。当 30 个减压井井口高程为−12m 时，该处（坝纵 0-013）水头已降至−9.42m，达到安全要求。

分别就韩江水位变化、下卧强透水层不同的渗透性、弱透水层的渗透性与缺失对基坑内承压水降压的影响进行计算分析：

（1）取韩江水位 5m 和 6.65m 对比计算，其他条件不变。韩江水位升高，减压井置于同一井口高程时，基坑下承压水头仅上升 0.06m，见表 2。

不同水位及渗透系数影响比较表　　　　　　　　　　　　　　　　表 2

序号	计算条件	强透水层最小水头 (m)	单井最大出水量 ($l \cdot s^{-1}$)	单井平均出水量 ($l \cdot s^{-1}$)	总出水量 ($l \cdot s^{-1}$)
1	$H=6.65m$、$\Delta=-8m$、$k=0.1$	−6.87	27	22	6.4
2	$H=5m$、$\Delta=-8m$、$k=0.1$	−6.93	26	20	4.4
3	$H=5m$、$\Delta=-8m$、$k=0.025$	−5.60	14	11	2.4
4	$H=5m$、$\Delta=-10m$、$k=0.025$	−7.30	16	13	2.4

注：H—韩江水位，Δ—减压井井口高程，k—强透水层渗透系数 cm/s。

（2）下卧强透水层渗透系数从 0.1cm/s 减小至 0.025cm/s，承压水头上升 1.3m，而总出水量减少 45%，见表 2。

（3）考虑局部不是淤泥而是淤泥质粉细砂，③层渗透系数从 $1×10^{-7}$cm/s 增大为 $1×10^{-3}$cm/s 时，承压水头变化不大，总出水量由 0.439m³/s 增大为 0.45m³/s，增量仅为 2.5%。

（4）假设弱透水层缺失区，即"古溃区"，与基坑的距离缩短一半，与实际作对比计算，承压水头仅上升 0.14m，总水量增加 80l/s。

以上四个影响因素对基坑内承压水降压的影响，可以通过调整减压井的井口高程消除。分析表明，控制潮州西溪电站厂房基坑降压效果的最主要因素是减压井的井口高程。

3.5 减压井控制

按照施工顺序以及抗浮要求，根据计算结果对应的减压井井口高程，提出减压井控制方案：

（1）整个基坑范围开挖到−6m 高程时，30 个井井口高程设置为 0.5m；

（2）开挖深槽范围时，30 个井工作，第 6、7 排共 6 个减压井井口高程设置为−7.0m 高程，其余减压井井口高程设置为−6.0m；

（3）当开挖上游平台和下游平台时，随着开挖的推进，将露出的减压井井口下降，上游平台将降至－12.5m高程，下游平台降至－12.0m高程；

（4）厂房底板浇筑完毕后再开挖上下游斜坡段，井口回升至－6.0m高程；

（5）当闸墩浇筑高度高于底板顶面9m后，全部减压井结束工作。

3.6 降压对邻近建筑物的影响

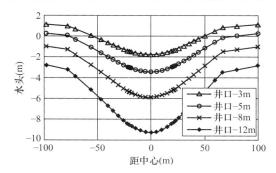

承压水降压后，在基坑内形成了一个典型的降落漏斗，基坑内水头的降幅最大，左右两侧随着距离的增加，降幅减小，见图4。同时，承压水头的降落影响范围较大，以基坑中轴线为例，离基坑中心100m处，水头仍有降落。由于距基坑右侧50m左右有在建水闸，因此，需要计算由于下卧强透水层承压水降压引起的上弱透水层有效应力增加引起的附加沉降。计算分析表明，该降水方案引起邻近水闸的平均沉降为23mm，影响较小。主要原因在于：降压最强烈的时段很短，仅在上节所述的第③步，开挖上游平台和下游平台时。因此该减压井布置和运行方案可行。

图4 减压井降落水头横剖面图
（沿坝纵 0+024.275）

4 支撑优化

4.1 支撑布置及开挖方案

基坑支护采用连续墙和内支撑。连续墙厚800mm，墙顶高程为0.0m，相对于不同开挖深度，墙底高程为－21m～－29m，基坑外10m范围内地面挖至0.0m。根据各部位开挖深度不同，布置1～4层钢筋混凝土支撑（见图5）。支撑的水平间距12m，中部用钻孔桩支承，支撑间用纵梁连接。挖土机械可在支撑间12m×18m的区域内运作。

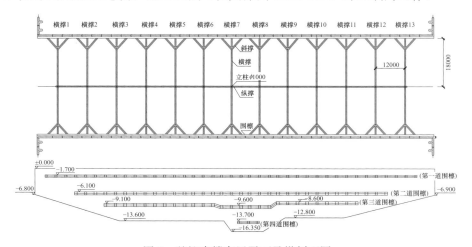

图5 基坑支撑布置平面及纵剖面图

为保证大型运土车辆能通过，各层支撑的高程布置和截面尺寸结合基坑开挖计划和受力计算结果来确定，见图 5。各层支撑顶面高程为：第 1 层－1.7m；第 2 层－6.1m；第 3 层根据受力与实际需要分为 3 段，高程沿厂房上游至下游分别为－9.1m，－9.6m，－8.6m；第 4 层－13.7m。第 1 层支撑截面尺寸为 800mm×600mm，第 2、3 层均为 800mm×800mm，第 4 层仅一条支撑，截面为 600mm×600mm。

按上述布置，1、2 层支撑高程差为 4.4m，净间距为 3.7m，运土车辆可在其间通过。由于 1、2 层支撑竖向间距较大，第二层支撑受力偏大，相应地减少 2、3 层支撑的间距至 2.5m～3m。

基坑开挖分为 3 次大型机械开挖和 1 次小型机械开挖，共 4 个步骤：

（1）利用大型开挖机械在原地面作业，并利用地面道路开挖到第 1 层支撑底面－2.3m 处，设置第 1 层支撑。

（2）机械在第 1 层支撑面以上作业，开挖到第 2 层支撑底面－6.9m 时，浇注第 2 层支撑。

（3）在 1、2 层支撑间铺设临时道路至－6m 高程，由中间向上、下游开挖，在靠近连续墙的 6m 范围内开挖至－10.0m，其余挖至－11.5m，并设置第 3 层支撑。

（4）剩余的少量土方用小型挖土设备通过垂直吊运的方法清理，在中部最深处开挖至－14.2m 时设置第 4 层支撑。

4.2 支护结构受力计算

计算以参考文献［5］的"横向荷载作用下桩土共同作用的简化法"为基础，并以加虚拟拉力的全量方法考虑施工中加支撑的过程。本基坑的特点是开挖过程计算条件变化大：一是由于逐步减压，水头变化 8m～10m；二是基坑内底面以下土体受向上渗流作用在不断变化。采用加虚拟拉力方法处理较为简单，该方法在开挖过程计算条件变化不大时，与增量法[6]结果相同。

地质参数见表 3。计算时地面高程取 0.0m，10m 以外高 2.0m 的砂层按超载 10kPa 计入，考虑到连续墙未截断底部砂卵石层，墙下部前后水压力基本相同，基坑土层以淤泥为主，因此采用水土合算，针对不同工况，适当调整重度 γ。

土层计算参数　　　　　　　　　　　　　　　　　　　　　　　　表3

	重度（kN/m³）	黏聚力（kPa）	内摩擦角（°）	变形模量（MPa）	泊松比
淤泥及淤泥质砂	16	10	8	2	0.4
粉细砂	18	0	25	15	0.2
黏土	18	20	16	15	0.3
砂卵石	18	0	30	40	0.2
旋喷加固区域	20	250	35	50	0.25

注：支撑与连续墙混凝土 C25，弹性模量 $E=2.8×10^4$ MPa，抗压强度 $f_c=11.9$ MPa。

图 6 为基坑开挖最深处（－16.35m），即开挖到底（4 层支撑已布置）时连续墙的弯矩及位移。该断面连续墙（单位宽度，下同）正、负弯矩分别 986kN·m 和 1028kN·m，最大位移为 34mm。其他断面情况类似，连续墙最大正、负弯矩分别 993kN·m 和 1259kN·m，小于墙体的抵抗弯矩设计值 1600kN·m 和 1800kN·m。连续墙的墙体最大位移为 48mm，不会影响在建水闸的安全。

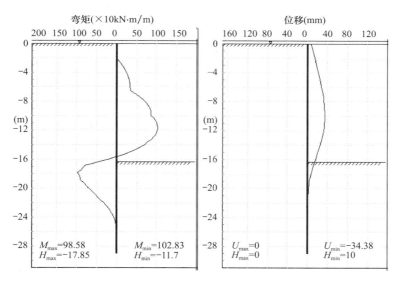

图 6 连续墙弯矩和位移

计算得到的不同截面支撑最大轴力列于表 4。2、3 层支撑轴力最大，为 5470kN。支撑配筋设计按偏心受压杆件计算，表 4 列出不同截面支撑的轴向承载力。比较计算最大轴力和设计轴向承载力可知，还有较大的余度。由于支撑是基坑安全的关键而基坑开挖不确定因素很多，如超挖、机械碰撞等，保持适当的余度是必需的。

支撑的截面尺寸及承载力 表 4

截面（mm×mm）	计算最大轴力（kN）	设计轴向承载力（kN）
800×600	2474	4207
800×800	5470	7199
600×600	997	3252

5 实际施工及监测

基坑于 2003 年 10 月 22 日开始开挖，2004 年 3 月 20 日完成全部底板浇筑。

基坑内布置了 40 个减压井，其中 10 个是备用井，随着开挖的进程逐渐调低井口高程实施减压。沿连续墙外布置 6 个水位观测井，在施工后期，将基坑中几个出水量较小的减压井改作观测井，监测减压效果。

在连续墙内安装了 6 条测斜管，用测斜仪监测墙体位移，同时在连续墙顶设置水平位移测点及沉降测点。

为保证支撑安全，在基坑中部挖深最大处，选择第 2 层相邻 2 条支撑（7 号和 8 号），埋设混凝土应力计监测支撑轴力变化。

实际施工过程为：

（1）开挖第 1 层至 −2.3m，设置第 1 层支撑，此时减压井不放水，承压水头约为 1.7m。

（2）将井口高程定在－1.0m，利用支撑围檩作为排水通道，将减压井出水引到基坑两端集水坑再抽出围檩。在减压至0.0m的条件下开挖第2层到－6.9m，设置第2层支撑。

（3）将井口高程定在－6.0m，利用第二层支撑围檩作为排水通道，减压至－3.0m，开挖基坑中间局部至－10.4m，做好该处第3层支撑，并挖出一个集水坑。由于该处采用旋喷桩封底，局部开挖对减压要求低。

（4）在第1、2层支撑间用大型车运土，向基坑两端退后开挖，在靠近连续墙6m范围内开挖至－10.0m，其余挖至－11.5m，随即浇筑第3层支撑。随着开挖，将露出的减压井井口降至－10.0m，向中间集水坑排水，使开挖面下的承压水头降至－6.0m。

（5）由下游端开始，分段用小型机械清理余土，浇筑厂房混凝土底板。由于分段清土浇筑底板，考虑应力扩散的效应，不需按原定方案将承压水头降至－8m～－9m，既节约了抽水费用，又减少了抽水对西侧在建水闸的影响。

在施工过程中进行了监测。测斜仪因仪器原因仅测得开挖到－6.9m，即做第2层支撑时的情况；而连续墙顶位移监测有完整的记录，除开挖初期因东西两面卸土高程不一致，由整体向西位移约10mm外，位移量都很小，且均未超过30mm。

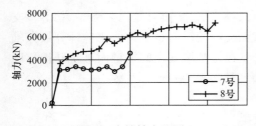

图7 支撑轴力监测

第2层支撑（7号和8号）轴力测试结果如图7所示。测试时间是由浇筑第2层支撑后到该处底板浇筑完成。7号支撑因其上游方开挖较晚，承受轴力较小。8号支撑开始阶段轴力为4000kN～5000kN，与设计计算轴力4241kN相当。后为施工便利的考虑，将相邻的几条第3层支撑降低约1m，相当于超挖，第2层支撑轴力有较大增加，达到7200kN。由于监测值尚未超过设计承载力7200kN，因此，在加强监测（最多达一日7次）的保证下，顺利完成了基坑开挖。上述情况也说明，支撑留有适当的余度是有益的，而且增加的费用也不多，却能对必要的施工变化调整带来不少便利。

6 结论

（1）由于西溪电站厂房上游约3km处淤泥及淤质砂层缺失，砂卵砾石层与江水相通，为承压水层。在枯水期，基坑开挖到底时与承压水层水头差达18m～21m，强行抽水减压难度很大，且会造成西侧在建水闸沉降。采用在基坑内布置减压井随开挖过程逐步降低井口高程的方法，将承压水层的水头降至－8m～－9m，大部分基坑底能满足抗浮要求，开挖深度最大的局部则采用旋喷封底使之与基础桩结合达到抗浮要求。该降水方案引起邻近水闸的平均沉降为23mm，影响较小。

（2）由于基坑开挖深度大，地质条件差，需用基坑内减压井部分减压，开挖过程中基坑底有水渗出，施工难度大，工期紧，内支撑一般对施工影响较大。在充分考虑了施工条件的基础上，提出了钢筋混凝土支撑优化方案，并制定出相应的开挖方案，该方案满足大型机械施工条件，能大大提高效率，且为确保工期、降低工程造价创造了条件。

参考文献:

［1］ 曹洪，潘泓，骆冠勇，等. 广东省潮州供水枢纽工程西溪厂房深基坑开挖及减压方案研究补充报告［R］. 广州：广东省水利电力勘测计研究院，华南理工大学建筑学院，2003.6.

［2］ 曹洪，潘泓，骆冠勇，等. 广东省潮州供水枢纽工程西溪厂房深基坑开挖及减压方案研究补充报告（二）［R］. 广州：广东省水利电力勘测计研究院，华南理工大学建筑学院，2003.6.

［3］ 曹洪，尹小玲，魏旭辉，叶乃虎，等. 潮州供水枢纽工程库区浸没影响初探［J］. 岩石力学与工程学报 2004. 23（5）：862-866.

［4］ 曹洪，张挺，陈小丹，等. 多层强透水地基渗流计算的应用研究［J］. 岩石力学与工程学报，2003. 22（7）：1185-1190.

［5］ 杨光华. 深基坑支护结构的实用计算方法及其应用［M］. 北京：地质出版社，2004.

［6］ JGJ 120—99 建筑基坑支护技术规程［S］. 北京：中国建筑工业出版，1999.

某基坑工程降排水问题的分析与处理

袁继雄[1]，陈志远[2]，蔡耿[2]，蔡东平[2]

(1 汕头市政府投资项目代建管理中心，广东　汕头 515000；

2 汕头市建设工程质量监督检测站，广东　汕头 515041)

[摘要]：基坑安全与开挖过程的降排水关系甚大。本文介绍了某基坑工程的水文地质条件、承压水分布情况和降排水设计，详细描述了基坑施工过程中出现的坑内外水力连通、突涌现象问题，针对水力连通分析了止水帷幕失效、地质情况变化等可能因素；针对突涌分析了止水帷幕、承压含水层和勘探孔等可能因素。通过分析，采取新增回灌井兼观测井处理水力连通问题，应急采取减压降水和封堵、全面采取双液注浆处理勘探孔突涌问题。本基坑工程的降排水设计、处理水力连通和突涌的措施具有安全性、可靠性、经济性，保证了基坑开挖工程的正常进行。

[关键词]：基坑；降排水；突涌

近年来，建筑基坑工程的安全性日益受到关注。基坑围护结构和降排水措施是保证基坑安全的两个关键点，在广东，由于基坑底或基坑侧渗水而影响周边建筑物的案例很多[1]，所以水的问题尤显突出。以下详细介绍某建筑基坑工程的降排水设计，以及施工过程遇到的水力连通、突涌问题的原因分析以及处理，揭示实施降排水工程的关键环节和控制要点。

1　工程概况

某城市商业综合体项目[2]，地处汕头市繁华地段，周围环境复杂，紧邻主要的市政道路、商业大厦等。基坑开挖面积 14200m²，总延长 464m，普遍区域开挖深度 15.2m，塔楼区域开挖深度 17.2m，土方量 23 万 m³，工程支护结构安全和周边环境安全要求均较高，按一级基坑实施监控[3]。

工程地处韩江三角洲平原滨海低地，场地地面黄海高程 1.820m～2.330m。场地土层为第四系沉积土，自下而上经历了上更新统至全新统漫长的沉积过程，沉积厚度达 32.10m～57.80m，土层分布及物理力学特征见表 1。

土层分布及物理力学性能特征　　　　　　　　　　表 1

序号	土层名称	饱和重度（kN/m³）	土层特征	层厚（m）
①	杂填土	17～18	—	2.10～3.50
②	淤泥土	15.5～18	饱和，流塑	9.20～17.80
③	黏性土、粉土层	18.7～19.0	可塑；中密	0.50～7.30
④	粗砂层	19.5	中密—密实	0.80～7.90
⑤	灰色黏土层	18.3～18.7	饱和，软塑—可塑	1.80～14.7
⑥	杂色黏土层	19.3	湿，可塑	0.80～10.70

序号	土层名称	饱和重度（kN/m³）	土层特征	层厚（m）
⑦	砂土层	19.8	饱和，密实	2.90～8.90
⑧	黏土层	18.0～18.8	湿，可塑	0.3～5.70
⑨	粗、砾砂层	20.0	饱和，密实	1.2～15.20
⑩	砂质黏性土层	18.5	硬塑—硬	0.50～7.70
⑪ ⑫	强—中风化花岗岩闪长岩带		硬—坚硬；致密坚硬状	未钻穿

场区地下水包括：

（1）孔隙潜水，赋存于第①、②土层中，补给来源为大气降水，受季节及气候制约，水位不稳定；

（2）层间孔隙承压水，主要赋存于第④、⑦、⑨砂土层及第⑥土层的砂土亚层中，水量较丰；

（3）风化、构造裂隙承压水：赋存于第⑪、⑫岩土层强、中风化岩层接触带中。

2 场区承压水和降排水设计

2.1 场区承压水对基坑开挖影响的分析

本工程专门委托勘察单位进行承压水抽水试验及基坑降水环境影响评价。经查明，场区第四系松散岩类埋藏有三层含水层，如图1所示。其中，第一含水层由粉砂和淤泥贝壳组成，水位埋深1.08m，赋含孔隙微承压水。第二含水层在第④层粗砂层，水位埋深2.87m，赋含孔隙承压水。第三含水层由⑦、⑨层中砂、粗砂和砾砂组成，水位埋深3.07m～3.35m，赋含孔隙承压水，根据实测分析，渗透系数 $K=2.08\times10$ m/d，导水系数 $T=1.70\times10^2$ m²/d，贮水系数 $S=1.18\times10^{-3}$。

基坑开挖底板位于第二含水层中，面临第三承压含水层威胁，依式（1）验算抗承压水渗流稳定性[4]：

$$\frac{\gamma_{m2}h_c}{\gamma_w h_w}\geq K_{w2} \tag{1}$$

式中：γ_{m2}——不透水土层平均饱和重度（kN/m³），本工程取加权平均值18kN/m³；

h_c——基坑底面至含水层顶板的距离（m）；

γ_w——承压水重度（kN/m³），取10kN/m³；

h_w——承压水水头高（m）；

K_{w2}——安全系数，取1.1。

以钻孔揭露最浅井G2为例，第三含水层顶板埋深36.5m，静止水位埋深为3.19m，即承压水水头高度为33.31m。则

在普遍区域，公式左边=18×(36.5-15.2)/(10×33.31)=1.15＞K_{w2}；

在塔楼区域，公式左边=18×(36.5-17.2)/(10×33.31)=1.04＜K_{w2}。

根据分析，需注意三个问题：

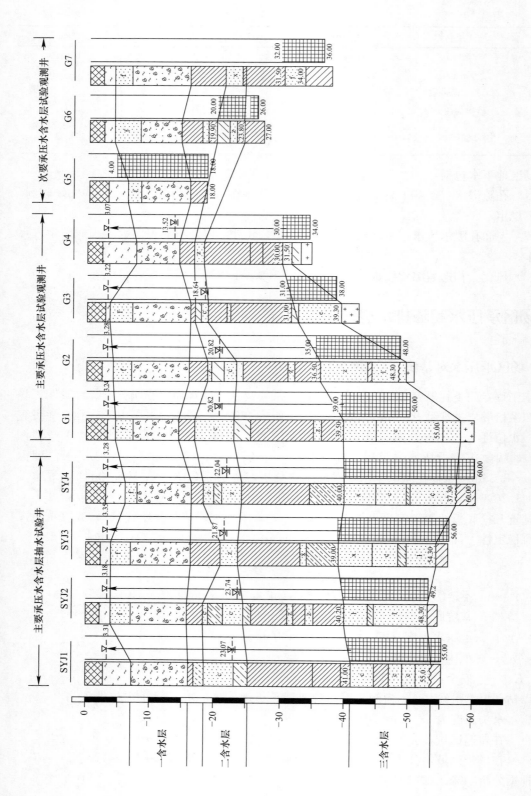

图 1　承压水水文地质条件综合柱状图

（1）本工程普遍开挖深度位于第二含水层中，必须隔断基坑范围内与外界的水力连通；

（2）基坑施工阶段，塔楼区域不满足抗承压水突涌稳定性要求，需对第三含水层进行减压降水；

（3）岩土工程勘探孔未进行有效封堵，破坏了原始工程地质条件，这 67 处勘探孔为突涌薄弱点。

2.2 基坑降排水设计

基坑总体围护体采用钻孔灌注桩，结合外侧一排直径 1000mm 三轴水泥土搅拌桩止水帷幕，竖向设置三道混凝土内支撑的形式。水泥土搅拌桩止水帷幕深 28m，进入第⑤层或⑥层黏土层。

基坑降水采用真空深井＋减压井两套系统分别对基坑开挖范围内的潜水、第④层承压水和坑底第⑦、⑨层承压水进行降水。对潜水和第④层承压水降水时不会对坑底⑦、⑨层承压含水层产生影响，可有效地将降水对环境的影响降低到最小。真空深井采用多滤头疏干井，按每 $250m^2$ 布设 1 口井考虑，$n＝14200/250＝56.8$ 口，设置 57 口疏干井，井深 25m。疏干井基本按梅花状分布，并与立柱桩、工程桩保持 1 m 以上的安全距离。同时在基坑外设置水位观测井，观测止水帷幕的封闭性和地下水的绕流、渗流情况。根据现场降水的效果和土方开挖需求来设置轻型井点。减压降水井，根据计算分析，在群井效应及围护隔水效应等因素影响下，以平均每口井 $25m^3/h$ 考虑，25 口减压井参与降水时，每天可排除 $15000m^3$ 的涌水。减压井布置见图 2，其中南侧布置 17＋2 口（含 2 口备用兼水位观测），基坑北侧布置 8＋1 口降水井（含 1 口备用兼水位观测），井深为 37m～47m。

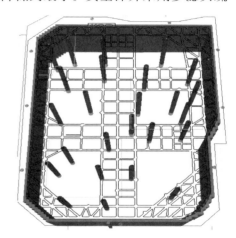

图 2　减压降水井与止水帷幕位置示意图

排水设计方面：

（1）地面排水，沿基坑顶周边设排水明沟；

（2）土方开挖过程中随开挖进度和开挖层，设临时性集水坑，间距 15m，若遇暴雨则启动水泵进行抽排；

（3）基坑底部排水，分两个阶段：①土方开挖至设计标高，底板未浇筑期间，排水沟沿基坑底部周边布设；②地下室底板浇筑后至降水停止期间，用地下室底板后浇带作为排水沟。

3 基坑内外水力连通的问题和分析处理

3.1 水力连通的问题和分析

当基坑开挖深度 8m 左右时，第三方监测反映，基坑西侧周边道路和附属结构沉降较为明显，最大值为 63.05mm（小区浅基础围墙）、66.65mm（路面）、65.24mm（管线），均超过报警值；而围护结构的侧向变形最大约 18mm，尚未达到报警值，处于可控状态。基坑内外水位观测数据表明，东北侧水力连通不密切，坑内水位变化较大时，坑外水位变化较小，见图 3；而西侧中部基坑内外水位降低是同步的，存在较强的水力连通，见图 4，说明西侧第④层承压含水层水力连通比较密切。

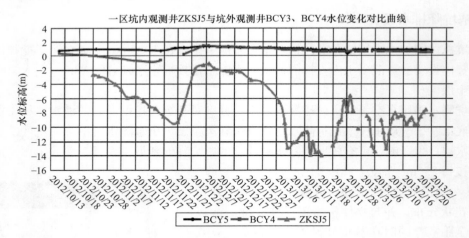

图 3　东北侧坑内外水位对比

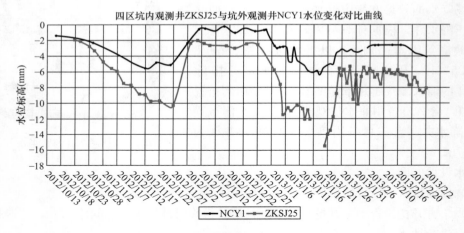

图 4　西侧中部坑内外水位对比

很明显，引起周边道路和附属结构较大沉降变形的主要原因是基坑内外第④层承压含水层存在水力连通，而围护设计中已采用止水帷幕进入第⑤或⑥层不透水层。所以，存在水力连通的可能原因有：

（1）止水帷幕存在渗漏、底部开叉或深度不足[5]；

（2）地质情况变化，部分止水帷幕的底部实际并未进入不透水层。

3.2　问题的处理和效果

基于以上分析，如果直接对止水帷幕进行检查加固，涉及范围大，操作困难，而且效果可能也不明显。经分析讨论，采取在坑外增加观测井兼回灌井的方法。新增井距离止水帷幕外边线不少于4m，根据周边建筑物重要性和前期坑内外水位变化实测情况非均匀布置，共16口，深度25m，井结构如图5所示。

通过新增井，加强水位观测，可以进一步锁定坑内外水力连通的区域，必要时实施止水帷幕的封堵。在基坑继续土方开挖时，严格遵循"按需降压"原则，减少抽降承压水，将水位控制在开挖面以下1m即可。

回灌操作，最下层土方开挖时开始进行回灌，底板浇筑完成后即停止；回灌维持水位控制在-2.87m（根据承压水抽水试验报告），当坑外水位低于-2.87m时即进行回灌；先进行无压力回灌，如果不能满足坑外水位控制条件，则增加回灌压力，大约为0.1MPa，确保不破坏周边地层结构。

经以上处理，一直到底板浇筑完成的三个月时间内，周边道路和附属结构的期间平均沉降值，除西北侧达到32.43mm外，其余各侧平均为17.43mm，效果较为理想。

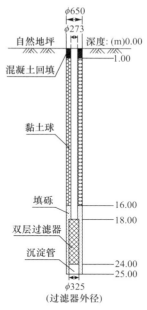

图5　观测井兼回灌井结构

4　坑底突涌和分析处理

4.1　突涌现象和原因分析

4.1.1　突涌和应急处置

基坑在北区开挖深度约17m，即进入第④层粗砂层1m深度时，出现涌水情况，如图6所示，涌水高20cm~30cm，水量较大，据估算可达到45m³/h。因为周边部分多层建筑物的基桩持力层在第⑦~⑨层位置，大量涌水可能会影响到这些建筑物的基础，情况比较紧急。

图6　突涌实况图

出现涌水后，现场立即用沙袋进行封堵，但由于水量较大，无法有效封堵。只能及时开启涌水区域附近的承压水降压井，降低第三层含水层的水头，并不时测量水位，避免超降，对坑外回灌井及水位观测点及时进行观测监控，若发现异常立即采取回灌措施。在降压井的作用下，涌水量有所减小，基本得到控制。为了避免突涌带走大量砂，引起周围环境的大幅度沉降，在突涌周围使用沙袋围堰，然后加盖安全网，并用PVC管引流。同时通过水泵排除坑内涌水，避免基坑大面积泡水。

4.1.2 突涌原因分析

（1）第二含水层突涌可能性分析。按设计，止水帷幕已进入第⑤层或⑥层不透水黏土层，隔断了基坑范围内的第④层层间孔隙承压水与外界的水力连通，同时，控制承压水位埋深低于开挖面1m左右。虽然在开挖过程发现水力连通的问题，但已采取增加观测井兼回灌井的措施，且本次突涌事故，并未发现第④层水位的急剧变化，基本可以排除坑内外水力连通造成突涌的可能性。

（2）第三承压含水层突涌分析。北侧开挖深度17m时，安全水头埋深9.05m（根据承压水抽水试验报告），依式（1）可进行验算[6]，公式左边 $=18\times(36.5-17)/[10\times(36.5-9.05)]=1.28>K_{w2}$，因此，此时第⑦、⑨层孔隙承压含水层上覆土层厚度可以满足抗突涌稳定性要求，则发生的突涌，应该另有原因。

（3）勘探孔突涌分析。对比地质勘探孔与涌水的位置，以及对涌水位置土壁的观察，可清晰地看到，涌水通道即为原地质勘探阶段的ZK7勘探孔。并且通过向勘察单位了解，在完成地质勘探后，未对勘探孔进行有效封堵。

从现场和分析来看，造成突涌的原因是勘探孔未封堵，从而形成基坑薄弱部位。在基坑开挖过程中，随着承压含水层上覆土层厚度的逐渐减少而造成勘探孔突涌。

4.2 突涌处理

ZK7勘探孔（突涌点）完成临时封堵后进行注浆处理。注浆采用水泥加水玻璃的双液注浆施工工艺，深度范围和施工次序如图7、图8所示。双液注浆具有克服注浆堵漏加固中引起的扰动和软化作用，由于浆液有速凝并可在瞬时内初凝的特点，因此当浆液填充到漏水处的空洞中时，能起到强化固结堵漏的作用。当双液注浆在充填土体漏水处中的空隙达到一定饱和后，会在压力作用下逐渐扩散不断充填空隙，能够有效地对土体漏水处周围产生挤压并劈裂土体薄弱的部位，形成错综交叉网状的水泥固结体，从而增加了土体的密

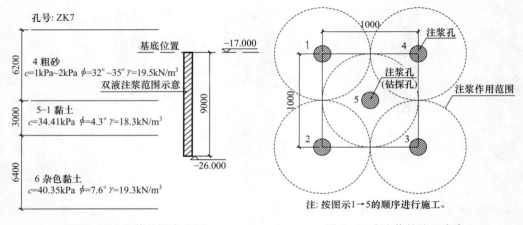

图7 双液注浆的深度范围　　　　　　图8 双液注浆的施工次序

实度和压缩模量，达到止水的目的。经注浆后，ZK7 勘探孔不再涌水，其他勘探孔也按同样措施进行了处理。在之后的开挖中，未再出现突涌现象。

5 结语

（1）针对建筑基坑水文地质条件复杂、地下水丰富等情况，应高度重视降排水设计，精心施工，保证基坑开挖过程顺利进行。

（2）坑内外发生水力连通，一般是止水帷幕失效引起，可通过坑内外观测井查看水位变化，准确找到失效位置，及时进行有效封堵和采取回灌措施。

（3）在基坑开挖前需对试验井和勘探留下的孔洞进行有效封堵。突涌具有突发性，应做好应急预案，预留降压排水措施。发生突涌事故时，需及时准确分析原因，结合监测系统，实时观测坑内外地下水位变化情况，指导坑内降压井抽水，避免在处理突涌事故时抽水过多，导致周边地面沉降过大，引发二次事故。

参考文献：

[1] 杨光华. 广东深基坑支护工程的发展及新挑战 [J]. 岩石力学与工程学报. 2012，31（11）：2276-2284.

[2] 陈志远，蔡东平，袁继雄，等. 建筑基坑内支撑结构拆除过程的动态监测分析 [J]. 工程质量. 2014，32（6）：35-38.

[3] GB 50202—2002 建筑地基基础工程施工质量验收规范 [S]. 北京：中国计划出版社，2002.

[4] GB 50007—2011 建筑地基基础设计规范 [S]. 北京：中国建筑工业出版社，2011.

[5] 徐勇，王心联. 深基坑止水帷幕失效原因分析及处理措施研究 [J]. 地下空间与工程学报. 2012，6（6）：1251-1255.

[6] 刘朝安，张勇. 基坑降水设计 [M]. 北京：地质出版社，2011.

某基坑工程的承压水影响和应对措施

陈松根，黄群

（汕头市建安（集团）公司，广东　汕头 515041）

[摘要]：汕头是滨海城市，韩江、榕江出海口，土层中含有较厚的砂层，浅层砂（埋深 10m 内）的地下水一般是潜水，深层砂（埋深 10m~40m 甚至 40 多米）的地下水具有承压性，具有较大的承压水头。一般三层地下室基坑工程受承压水的影响较大，如果不采取措施，坑底可能冲破形成管涌，如果采用减压井大量抽取承压水，引起基坑周围的沉降，对周围环境影响较大。本文提出应对承压水的措施，采用截断承压水、封堵勘探孔、施打抗拔桩、抗拔锚杆减少抽取承压水的水量和时间，既保证基坑工程顺利施工，又减少对周围环境的影响。

[关键词]：承压水；止水帷幕；减压井；勘探孔；抗拔桩；抗拔锚杆

1　引言

在汕头，三层地下室的基坑工程，大面积基坑开挖深度约 15m，核心筒坑中坑再开挖约 5m，而某些地方第 4 层是具有较大的承压水的砂层，第 5 层是黏土层，第 6 层是砂砾层，其中第 4 层砂层顶面埋深只有十几米到二十几米，如果不采取措施，基坑底将冲破，须采取止水帷幕截住第 4 层承压水。第 4 层砂层的底面埋深一般二十几米，采用二十几米深的止水帷幕可以截住第 4 层砂层的承压水，但在基坑某个位置有可能第 5 层黏土层缺失，基坑内 4、6 层贯通，虽然截住了第 4 层的承压水，由于第 6 层的承压水补充至第 4 层，开挖至坑底还有较大的承压水。如果继续施工，须采用减压井抽取大量的承压水，而且抽水需很长时间；如果底板施工完后，底板的自重和抗拔桩的力不够压住承压水头，还须继续抽取承压水，直至主体结构的自重足以压住承压水压力，才可以停止抽取承压水，这样需长时间大量抽取承压水，将引起基坑周围地面沉降，影响周围的环境。

另外，有时工程勘探孔的施工也会把第 4 层和第 6 层贯通，基坑开挖至 10m 左右，勘探孔会冒出大量水，此时应采取措施封堵勘探孔，基坑才能继续开挖。

2　工程概况

某项目位于汕头市龙湖区核心位置，由金砂路、金环路、长平路交丹霞南路围合而成。金砂路为汕头市主干道，金环路、长平路为传统商业街，工程周围环境及地下管线复杂，周边市政管网主要位于道路下方。

该项目一期基坑面积 43333m²，开挖周长 957m，三层地下室部分开挖深度约 15m，核心筒坑中坑最深的约 7m，合计开挖深度达 22m。

拟建场地地形平坦，为抽砂填海形成的区域，各层工程地质特征如下：

① 人工填（石）层：层厚 0.8m～2.1m；

② 人工填砂：层厚 0.7m～7.1m；

③ 淤泥和淤泥质黏土：淤泥层厚 0.7m～9.7m，层顶埋深 4.1m～12.6m；淤泥质黏土层厚 0.4m～12.6m，层顶埋深 4.2m～16.1m；

④ 中细砂和中粗砂：中细砂层厚 0.8m～11.7m，层顶埋深 11.3m～24m；中粗砂层厚 0.5m～15m，层顶埋深 10.5m～27.8m；

⑤ 黏土层：层厚 0.5m～10.2m，层顶埋深 1.20m～38.10m；

⑥ 砾砂层：层厚 0.5m～16.0m，层顶埋深 21.10m～36.60m；

⑦ 全风化层：层厚 0.4m～9.7m，层顶埋深 30.50m～42.80m；

⑧ 强风化层：层厚 0.8m～22.3m，层顶埋深 30.80m～50.60m。

工程水文条件：

1～2 层潜水稳定水位埋深为 0.85m，测得第 4 层以下各岩土层的地下水位（承压水）的埋深为 1.70m，水量较丰富。

3 承压水层对基坑工程的影响

（1）承压水冲破基坑形成突涌。

（2）勘探孔冒水。

（3）长时间大量抽取承压水，引起周围地面沉降，影响道路、管道和周围建筑物。

4 应对措施

4.1 止水帷幕

截住第 4 层的承压水，采用三轴搅拌桩，到达第 5 层黏土层，约 20 几米。根据勘探资料，第 5 层最薄的地方只有 0.5m，但只有几个孔第 5 层较薄。

止水帷幕有两种方法，第一种是止水帷幕直接打过第 6 层砾砂层（承压水层），把 4、6 层的承压水直接截住。第二种是在第 5 层黏土层较薄的几个孔周围补充勘探，查清 4、6 层是否贯穿，把第 5 层（黏土层）缺失和较薄的地方确定出来，在该区域进行封底加固，把第 6 层通往第 4 层的通道截住，这样整个基坑范围内第 6 层的水就没办法补充至第 4 层，止水帷幕只要打过第 4 层进入第 5 层 1m 就可以。

提出第二种方法时工程已开工，工期较紧，所以采用了第一种方法。第一种方法止水帷幕需打较深，最深的达 43m 左右，设计采用三轴搅拌桩（35m）搭接三重管高压旋喷桩形成止水帷幕。三轴搅拌桩和三重管旋喷桩在地下 35m 深处搭接 1m，共同形成止水帷幕。因水平位置和垂直度偏差等原因，35m 深处的搭接不可避免有一定的缝隙，第 6 层的承压水会通过缝隙进入基坑内，基坑底仍有一定的承压水压力。尤其是在南面第 4 层埋深较浅，承压水压力较大，不过在可控范围内，通过设置减压井使基坑顺利施工。

4.2 封堵勘探孔

工程前期地质勘探和工程桩施工超前钻存在很多的勘探孔，勘探孔把第 4 层和第 6 层的承压水贯通，当基坑开挖至一定深度时，承压水通过勘探孔冒出来，不解决勘探孔冒水的问题，基坑没办法继续施工。

封堵勘探孔有两种做法。第一种是勘探孔还没冒水时就进行封堵，第二种是开挖到一定深度，勘探孔冒出水再进行封堵。第一种没冒水就封相对较容易，但所有勘探孔都需要封堵，数量大，而且勘探的时间离现在较久，勘探孔的位置较难准确确定。第二种冒水的勘探孔封，没冒水的不封堵，封堵的总数量较少，但封堵的难度增大。采用哪一种做法封堵勘探孔，需根据承压水的大小来判断，如果承压水压力很大，开挖至坑底大部分勘探孔会冒水就采用第一种做法；如果承压水较小，开挖至坑底只有少部分勘探孔冒水就采用第二种做法。

该工程止水帷幕打过第 6 层（承压水层），承压水的压力比只打过第 4 层（承压水层）会小很多，对出现的少量勘探孔冒水采用第二种做法封堵。封堵勘探孔采用高压旋喷桩机进行封堵。对于冒水量较小的勘探孔可以采用单管旋喷桩机进行封堵，直接在水泥浆中加入水玻璃；对于冒水量较大的勘探孔需采用双管旋喷桩进行封堵，一条管喷水泥浆，另一条管喷水玻璃进行快速封堵。如果勘探孔冒水量很大，水压力太大没办法封堵，可以在该位置插管，改造成减压井，进行抽水减压，则附近的勘探孔冒水量就会减少，有利于附近勘探孔的封堵。勘探孔改造成的减压井可以在施工完底板再进行封井。

4.3 减少抽水对周围环境影响的措施

基坑开挖，承压水对坑底有一定的压力，经过计算，坑底的承压水压力大过坑底不透水层的土自重时，需布置减压井防止基坑底被冲破，形成管涌。通过减压井抽取承压水，抽水量大，抽水时间长，势必引起周围地面的沉降，影响周围道路、管道和建筑物。所以应尽量减少抽取承压水的量和时间，最大限度减少对周围环境的影响。

基坑开挖前，先进行承压水的抽水试验，测定在止水帷幕形成后基坑内的稳定承压水位。按测定的承压水头计算，制订抽水计划，按需抽水，确定开挖到多少深度才开始抽水。一般三层地下室有 2～3 道内支撑，需分 3～4 次挖土，计算每次挖土时需降的承压水头，做到按需降水，防止过量抽水。

减压井开始抽水后，要连续抽水，不然承压水头会很快回升。当底板完成后，还需计算底板的自重和抗拔桩的抗拔力是否能压住承压水，如果不够还需继续抽水。某工程通过计算需建到地上 9 层才能压住承压水，这样抽水的时间很长，总量很大，势必影响周围环境。可以采取以下措施减少对周围环境的影响：

（1）增加抗拔桩。需要多少抗拔桩，在底板完成后就无需抽水，这需在设计工程桩时先考虑到并计划好。

（2）增加抗拔锚杆。在施工底板时施工抗拔锚杆，并通过计算确定需要多少抗拔锚杆，在底板完成后就无须抽水。

（3）当地下室完成后，地下室的自重不够压住承压水，可以采取让地下室临时蓄水增加自重的方法压住承压水，等到上部结构能够压住承压水时，再把地下室的水抽掉。

5 结语

汕头是海滨城市，土层中十几米至二十几米埋深的砂层有承压水，施工两层地下室，开挖至坑底至承压水层还有一定厚度的不透水层，对基坑工程的影响不大。而近几年汕头的三层地下室越来越多，而且在市中心，周围环境复杂，对基坑的位移沉降要求很高，承压水对基坑工程的影响越来越大，必须采取针对性强的应对措施，才能减少其对周围环境的影响。首选的应对措施是采用止水帷幕，把基坑内外的承压水层截断，尽量减少坑外的承压水进入坑内。止水帷幕需施打较大的深度，须采用先进的施工设备，如三轴搅拌桩机、双轮铣等，还要采用先进的施工工艺，确保止水帷幕的质量。其次是采用减压井降低承压水头，抽取承压水的量和时间按需先计划好，采取抗拔桩、抗拔锚杆和地下室临时蓄水等措施，尽量减少抽取承压水的量和时间，减少对周围环境的影响。

理论需和实际相结合，基坑工程地方经验很重要，要总结已施工的类似工程的经验教训，好的做法要推广，出现问题的要分析原因，找出应对措施，避免在下一个工程出现。

减压孔对深基坑水泥土围护止水结构的危害及防控

许积羽，许建彬

(广东恒胜建设监理有限公司，广东 汕头 515000)

[摘要]：减压孔在工程应用中有利有弊，其在基础工程前期桩基施工消能减压中发挥了积极作用，但给后期深基坑水泥土围护止水结构施工往往带来危害和隐患。本文主要针对减压孔对深基坑水泥土围护止水结构的危害进行分析，提出相应防控措施，并在工程实践中加以应用。

[关键词]：减压孔；围护止水；危害；防控措施

1 减压孔应用现状

静压管桩基础施工技术发展至今已非常成熟，因其经济、高效的明显优势，在沿海地区的多层、高层民用住宅群中得到广泛应用。在追求经济、高效的同时，静压管桩基础施工过程中产生的挤土效应会对工程桩基质量和周边环境安全带来不利影响，如未及时、有效处理甚至会造成重大工程质量事故和周边环境安全事故。为消除挤土效应所产生的不利影响，工程技术人员在工程项目施工过程中运用了各种技术措施。采用减压孔进行消能减压在解决挤土效应不利影响的各种措施中，因其经济性、有效性、可行性上的明显优势，在诸多工程项目得到广泛应用。但发挥减压孔在基础工程前期优势的同时，对于其在后期对采用深基坑水泥土围护止水结构施工所带来的危害和隐患也不容忽视。本文从减压孔的主要形式、主要危害等方面进行分析，并结合工程质量控制过程的体会提出相应防控措施。

2 减压孔的主要形式

目前在工程项目中常见的减压孔形式，主要有注水深层搅拌桩机成孔和钻孔桩机泥浆置换成孔两种形式。

2.1 注水深层搅拌桩机成孔

注水深层搅拌桩机成孔法是采用传统的深层搅拌桩机在工程施工范围内，根据静压管桩基础施工的进度计划、施工路径、基桩密度、挤土时效、地质情况、周边环境等因素，在挤土效应的敏感区域布孔作业。布孔作业过程应不间断搅拌注水，才能达到有效控制深度。当孔口有泥浆不断溢出时，说明挤土区域的土层内部应力正在得到释放。作业时间、布孔位置、布孔数量和间距应根据工程实际情况进行调整，结合工程监测数据分析，如挤土区域土层内部应力反应强烈，应延长作业时间、增加布孔数量、缩短布孔间距。注水深层搅拌桩机成孔可单机作业，也可多机联动。注水深层搅拌桩机成孔法采用设备简单、操作方便灵活、施工成本低，但受现有设备条件限制，其成孔直径和成孔深度较为有限。

2.2 钻孔桩机泥浆置换成孔

钻孔桩机泥浆置换成孔法采用钻孔桩机在工程施工范围钻孔泥浆置换，应用原理与注水深层搅拌桩机成孔法基本相同。钻孔桩机成孔相对于深层搅拌桩机施工成本稍大，但在成孔直径和成孔深度上更具优势，对于大范围和超深土层产生的挤土效应，钻孔桩机能够实施较大直径和深度的减压孔，并能较好地达到消能减压的预期。采用钻孔桩机泥浆置换法实施较大深度的减压孔，对较深土层由于挤土产生的水平应力的释放有非常突出的效果，主要表现为减压孔的缩孔反应和孔口溢浆现象。在施工工作面或布孔条件受限的施工区域，还可以采取扩大桩径减少布孔数量的技术措施，同样也能较好地在挤土区域发挥消能减压的作用。

3 减压孔的主要危害

减压孔作为解决挤土效应影响的技术措施，在挤土区确实发挥消能减压的积极作用，但其对基础工程后期深基坑水泥土围护止水结构也带来诸多危害。

3.1 对围护结构的危害

为使减压孔更高效发挥作用，减压孔通常在工程场区四周呈非连续线形布孔。由于减压孔的施工扰动和挤土区能量释放，工程场区四周土层的结构、力学性能和稳定性产生重大变化，该变化对于同样处在工程场区四周的水泥土桩深基坑围护结构施工质量控制和结构安全性极为不利。从设计角度分析，水泥土桩深基坑围护结构方案设计时，是以工程地质勘查资料为设计依据，并未考虑因地质变化所产生的不利影响，设计所依据的地质资料与地质现状出现了较大偏差，理论上必然改变整个深基坑围护结构的力学状态，客观上产生结构不确定性。从施工角度分析，施工区域地质现状出现重大变化，而且变化还带有一定随机性，这大大降低了深基坑围护结构施工质量的可控性，在工程实施过程中由于不利地质条件，造成水泥土桩出现偏孔、缩孔、扩孔、弯曲、断桩等质量问题。从设计、施工两方面分析，减压孔对深基坑水泥土围护结构的力学状态和成桩质量均有一定危害。2014年某地产项目基础工程施工中，由于深基坑水泥土围护结构部分施工工作面处于减压孔扰动区，在进行围护结构施工中，减压孔产生的危害未得到重视，也未采取有效的防控措施，工程基坑土方开挖过程相应区域围护结构出现严重变形，位移值远远超过设计允许值，最终导致局部基坑围护结构倾覆坍塌事故。现场勘查结果显示，事故区域土层受减压孔扰动严重，已全面改变原土层力学状态，大大降低了围护结构桩间土稳定性和成桩质量。

3.2 对止水结构的危害

通常深基坑围护结构与止水结构（止水帷幕）在方案设计时应综合考虑，共同作用，两者兼顾，水泥土桩结构更是如此。水泥土桩止水结构之所以能达到止水的效果，这有赖于桩与桩之间有效的密扣咬合，使整个深基坑四周形成一个闭合的竖向止水帷幕。如上所述，由于减压孔的施工扰动，使深基坑水泥土止水结构施工区域土层现状出现重大变化，对止水结构质量影响最为敏感的土层稳定性不利影响最为明显，只要水泥土桩出现偏孔、缩孔、扩孔、弯曲、断桩等任意一种质量问题，就会导致深基坑止水结构出现漏水现象，甚至是止水失败。2013年某工程项目深基坑水泥土止水结构施工中，对施工区域土层受减压孔所产生的扰动危害预估不足，也未采取有效的防控措施，工程基坑土方开挖过程虽然采用坑内轻型井点降水，但由于水泥土止水结构多处出现桩体偏移、弯曲变形，未形成有效咬合，局部区域甚至产生较大宽度的桩间间隙，导致坑外地下水、泥砂大量涌入坑内而止水失败。事故引起坑外地下水位急剧下降，造成工程周边道路、建筑物、构筑物出现不同程度的沉降、开裂破坏。

4　减压孔危害的防控

减压孔产生的危害必须得到有效的预防和控制，否则将失去其作为解决挤土效应影响技术措施的意义。减压孔危害的防控应重点体现在减压孔专项技术方案编制和施工部署上，主要可从减压孔布孔、作业时间和深基坑水泥土围护止水结构的设计、施工等方面着手来达到防控目的。

4.1　减压孔布孔控制

根据工程施工场地的地形地貌、地质条件和周边环境，结合工程静压管桩基础施工的计划和进度情况，科学合理地确定减压孔布孔的位置、数量和线形过向。布孔位置应设置在挤土效应产生的土层应力和应变累积最集中的区域，尽量避开水泥土桩深基坑围护止水结构的施工范围。如果施工场地条件允许，布孔位置可考虑设置在工程静压管桩基础的中间区域，这样既能防止减压孔对围护止水结构施工区域地质扰动，又可更高效地发挥减压孔的消能减压作用，在充分提高每个减压孔的减压效率的基础上，严格控制布孔数量。由于减压孔这种技术措施客观上有其不利的一面，实施过程中布孔数量应有所保留，尽量做到能少则少、能免则免。布孔线形和走向控制，应根据静压桩基础施工的先后顺序和压桩路径来确定，一般两者应保持同步，尽量做到对应协调。

4.2　减压作业时间控制

有效控制减压作业时间可以充分提高每个减压孔的减压效率，高效发挥减压孔的消能减压作用。在减压孔作业时间控制中，重点要做好前置期、持续期、徐变期三个时段的控制。挤土效应中土层应力和应变是逐步累积的，在应力和应变累积到一定程度时，便会向土层中力学状态相对薄弱的区域产生作用。因此，在前置期设置减压孔能起到对挤土应力应变释放的主动引导作用，有效提高减压消能的可控性，随着静压桩施工的推进，挤土区域应力应变持续累积；作为减压孔实施减压主要时期的持续期，减压孔应连续不断实施减压，该时期可根据工程场区和周边环境的监测数据和分析结果，及时调整减压机械数量，挤土反应强烈区域可采用多机台同步实施减压作业；当相应区域停止静压桩施工后，挤土效应的应力应变累积和释放还有一个徐变的时间过程，作为提高减压效率的手段之一，徐变期实施减压作业是必需的。

4.3 基坑设计与施工控制措施

在深基坑水泥土围护止水结构方案设计过程中，充分考虑减压孔可能对深基坑水泥土围护止水结构产生的危害很有必要。针对其可能产生的危害，有目的地调整围护止水结构的宽度、构造、桩距、桩径、材料、工艺等要求。从工程实施效果中反映，适当调整受减压孔扰动区域的桩距，增大桩与桩之间的咬合深度，能有效消除减压孔所带来的不利影响；在设计方案优化调整的基础上，有针对性地加强深基坑水泥土围护止水结构施工阶段的质量控制也应该作为消除减压孔危害的工作重点，主要可从工作面处理、施工机械选型、施工过程控制等方面着手。受减压孔施工扰动，围护止水结构工作面表土均会出现不同程度的标高和承载力不均匀现象，为确保工作面的稳定性、标高一致、受力状态平衡，施工前期应对工作面进行平整夯实，现状土力学性能较差的可考虑采用换填处理；施工机械选型应根据工程场区实际情况，尽可能选用性能更优、施工质量可靠、操作和控制灵活方便的设备；受扰区施工过程控制中，应放缓桩机施工钻进速度，加密观测、校核、调整桩垂直度和桩位偏差。严格控制深基坑水泥土围护止水结构的施工质量，从实际出发减少受扰区围护止水结构出现质量问题的概率。

5 实践初探

通过对减压孔施工形式、危害产生及其防控措施的研究分析，并在工程实践中加以应用，有效控制了减压孔产生的不利影响。

2015 年市区某地产项目设计为静压管桩基础，深基坑水泥土围护止水结构。该基础工程施工中参考了以往工程的经验教训，在项目前期阶段和施工阶段，认真分析减压孔可能对深基坑水泥土围护止水结构产生的危害，各参建技术人员研究探讨并确定了相应的防控措施：

（1）基坑设计方案的优化调整。根据工程地质资料和现场踏勘情况分析，甄别施工场区土层应力、应变敏感区域，拟定土层应力释放区和重点控制区，将减压孔扰动重点区域的围护止水结构桩距缩小 5cm，原桩间咬合深度 15cm 改为 20cm；

（2）加强围护止水结构的施工质量控制；

（3）减压孔布孔、作业时间控制。该工程采用注水深层搅拌桩机成孔法，施工过程中按拟定区域和线路进行布孔，并充分做好在减压孔作业前置期、持续期、徐变期的时间控制。根据工程实施的情况反映，控制效果非常理想，整个项目深基坑水泥土围护结构变形观测值均在设计控制允许范围内，且止水结构未出现渗漏现象。

6 结语

认识减压孔对深基坑水泥土围护止水结构的危害，应引起工程各参建单位和相关专业技术人员的充分重视。特别是地下水丰富、高压缩性软弱土层分布较广，土层工程力学性质差的潮汕韩江下游冲积平原及类似沿海地区，在工程实施过程做好相应的预防控制措施，对工程深基坑的围护结构安全、止水功能乃至工程周边环境安全有着不容忽视的意义。

参考文献：

［1］ GB 50202—2002 建筑地基基础工程施工质量验收规范. 北京：中国计划出版社，2002.
［2］ JGJ 94—2008 建筑桩基技术规范. 北京：中国建筑工业出版社，2008.
［3］ JGJ 106—2003 建筑基桩检测技术规范. 北京：中国建筑工业出版社，2003.

回灌技术在深基坑施工中的应用

余捷华

（汕头市工程建设安全监督总站，广东　汕头 515000）

[摘要]：本文通过某基坑工程的沉降处理实例，探讨了回灌技术在深基坑施工中应用的必要性，对回灌技术的施工工艺作了简要介绍，并提出一些回灌技术的注意事项，为今后同类工程起到借鉴作用。

[关键词]：深基坑；降水；沉降；回灌技术

深基坑在降水过程中，随水流会带出部分细微土粒，再加上降水后土体固结，因而会引起周围地面的沉降。在建筑物密集地区进行降水施工，因长时间降水引起过大的地面沉降，会带来严重的后果，在软土地区曾发生过不少事故例子。为防止或减少降水对周围环境的影响，避免产生过大的地面沉降，深基坑降水过程中应采取有效的措施预防沉降问题。

1　工程概况

基坑面积约 1.4 万 m²，开挖深度 16.2m～20.6m，基坑支护设计方案为：钻孔灌注排桩结合三轴水泥土搅拌桩止水帷幕＋三道混凝土对撑角撑桁架支撑体系。

（1）场地面貌：地貌上属韩江三角洲冲积平原前缘地带，原为近岸滩涂地段，后经人工填积，作为建筑场地。现场地面地形开阔平坦，场地地面（孔口）黄海高程为 1.82m～2.33m。

（2）工程地质情况：本工程岩土土层分布复杂。根据其物理性能，大致可分为三层。一是地基浅部杂填土层及高压缩性、流变性、低强度、低渗透性和不均匀性的淤泥质土层；二是地质情况较好的砂土层、黏土层；三是充当抗拔桩、抗压桩、栈桥下立柱桩持力层的残积土及强、中风化花岗闪长岩层。

（3）水文地质条件：赋存于第①～②土层中的孔隙潜水，补给来源为大气降水；主要赋存于第④、⑦、⑨砂土层及第⑥土层的砂土亚层中的层间孔隙承压水，水量较丰；赋存于第⑪、⑫岩土层强、中风化岩接触带中的风化、构造裂隙承压水。

（4）降水方案：本工程基坑采用疏干速度快、效果好，土体降水固结沉降小的真空深井（57 口）＋降压井（28 口）组成基坑降水体系。地面排水采用沿基坑顶周边设排水明沟的方式。

从监测单位监测数据分析，降水井在运行两个月后，基坑周边出现沉降现象，且四周沉降不均匀，地面沉降比较大。基坑西侧周边道路及周边建筑物的附属结构沉降较为明显，普遍沉降达 40mm～60mm，基坑周边除东北角大楼位置沉降尚未达到报警值外，其他所有监测点均已超过报警值。根据水位情况和沉降情况，考虑到基坑降水运行将再持续 5 个月左右，为确保后期基坑开挖降水期间基坑本身以及基坑周边环境的安全，项目决定在基坑外周围布置 16 口回灌井（沉降最为严重的西侧布置 7 口，北侧 3 口，东侧 4 口，南侧2口），以减缓沉降速度，为后期基坑继续开挖控制好沉降。

2 回灌原理

本工程地下水人工回灌的目的层为第二层承压含水层（第④层土体粗砂层），回灌水采用抽水井作为水源。根据本工程围护结构特征和拟建场地水文地质特征，对基坑外进行回灌分析，所有回灌井过滤管位置处于地下第④层粗砂层，属于浅层回灌井。坑外回灌时，不能较大幅度影响坑内水位，必须确保坑内水位维持在安全水位左右，回灌井深度不宜超出地下止水帷幕深度。

将水注入回灌井里，井周围的地下水位 H_c 就会不断上升，上升后的水位称之为回灌水位 h_c，由于回灌井中的回灌水位与地下水位之间形成一个水头差，注入回灌井里的水才有可能向含水层里渗流。当渗流量与注入量保持平衡时，回灌水位就不再继续上升而稳定下来，此时在回灌井周围形成一个水位的上升锥，其形状与抽水的下降漏斗十分相似，只是方向正好相反。回灌井内的回灌水位最高，向四周回灌水位逐渐降低，直至与地下水位相重合，由重合点到回灌井中心轴线的距离称为回灌影响半径 R_c。回灌水位 h_c 与地下水位 H 之差，称为水位升幅 S_c，如图1所示。

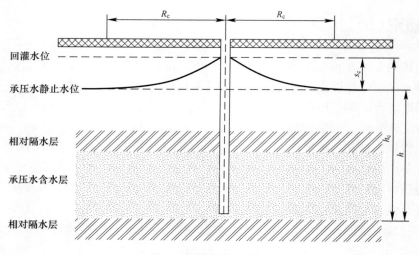

图1 回灌水位示意图

回灌井的回灌量与含水层的渗透性有密切关系，在不同渗透性能的含水层中，井的回灌量差别很大。在保持一定的回灌量与满足回灌效果的前提下，渗透性好的含水层中，回灌井中所需的回灌水位较小；反之渗透性愈差，回灌井中所需的回灌水位就愈高。

3 回灌井设计及施工工艺

3.1 回灌井设计

回灌井剖面见图2。回灌井过滤器位于地下第④层粗沙层，设计深度为 18.0m～

24.0m，长 6m，现场则根据实际探测情况确定。井孔径 650mm，井管采用直径 273mm 的实管（图 3），长 25m，过滤管采用双层缠丝滤管（图 4），外层采用 40 目尼龙网，内层采用 60 目尼龙网；沉淀管 1m，直径 273mm，底面用 8mm 厚钢板焊封。

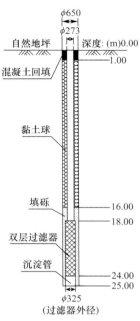

图 2　回灌井剖面图

3.2　回灌井施工工艺

施工流程为：成孔→清孔→下井管和滤管→填砂→填黏土密封→洗井→安装井口密封装置→试运行。

（1）钻进清孔

钻进中保持泥浆相对密度在 1.08～1.15，尽量采用地层自然造浆。整个钻进过程中要求大钩吊紧后徐徐给进（始终处于减压钻进），避免钻具产生一次弯曲，特别是开孔口不能让机上钻杆和水接头产生大幅摆动。每钻进一根钻杆应重复扫孔一次，并清理孔内泥块后再接新钻杆，终孔后应彻底清孔，直到返回泥浆内不含泥块，返出的泥浆含砂量<12% 后提钻。

图 3　实管实物图

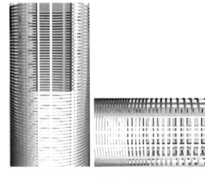

图 4　滤管实物图

（2）下井管及滤管

按设计井深事先将井管排列、组合，下管时所有深井的底部按标高严格控制，并且保持井口标高处于地面。井管应平稳入孔，上、下两端设找中器。每节井管的两端口要找平、找中，其下端有 45°坡角，焊接时两节井管应从成 90°的两个方向找直，并对称焊接，确保焊接垂直、完整无隙，保证焊接强度，以免脱落。为了保证井管不靠在井壁上和保证填砂厚度，在滤水管上下部各加一组扶正器 4 块，保证环状填砂间隙厚度大于 150mm，过滤器应刷洗干净。下管要准确到位，自然落下，稍转动落到位，不可强力压下，以免损坏过滤器结构。

（3）填砂

将填砂（中粗砂，砂料磨圆度较好、颗粒级配较好）沿井壁四周均匀徐徐填入，并随填随测填砂顶面的高度，不得超高。水平向填砂厚度不小于 150mm，垂向填砂高度按实际探测砂层深度进行。

165

（4）洗井

降水井、观测井洗井要求采用大泵量水泵洗井方法，要求洗井到水清砂净。

（5）试运行

4 回灌井运行要求及运行效果

（1）运行要求

回灌井运行时间：第四层土方开挖时即进行回灌，底板浇筑完成后即停止。

回灌水源：回灌水源主要以基坑内抽水井的地下水作为回灌水，也可采用自来水作为回灌水源。

回灌水位控制：回灌维持水位控制在−2.87m（根据勘察院的承压水抽水试验报告），当坑外水位低于−2.87m时即进行回灌。

回灌压力：先进行无压力回灌，如果不能满足坑外水位控制条件，则增加回灌压力。回灌压力不能过大，过大后会影响回灌井周边地层结构，压力大约为0.1MPa。

回灌过程中要密切监控基坑内观测井和基坑外观测井水位，要求水位观测每天一次。

回灌井实施回灌的同时，基坑内抽水井正常继续运行。为了首先确保基坑安全，坑内降水将作调整，确保将基坑内承压水水位维持在安全水位左右。

（2）运行效果

回灌井从六月份开始运行一月余，由基坑外各沉降观测点监测所得，各观测点相对日沉降速度（mm/日）变化：DM1由0.083变为0.000，DM3由0.228变为0.033，DM6由0.164变为0.010，DM13由0.512变为0.225，DM16由0.731变为0.095，DM20由0.739变为0.288，DM23由0.595变为0.360，DM29由0.807变为0.128，DM34由0.659变为0.043，等等。各个沉降观测点相对日沉降速度均在回灌井运行后明显变缓。

5 结论

（1）深基坑施工，必须事先在基坑内外布置观测点，为信息化施工提供数据，及时了解基坑周围环境变化。

（2）回灌技术能有效地控制因基坑降水而引起的沉降问题，特别是在地下水丰富的地区。

（3）如工程位于滩涂地带或填海地区，则应在设计止水帷幕的同时在基坑周围加设回灌井，以防止因止水帷幕发生渗漏或基坑内外水层连通而周边建筑物沉降时，无法及时有效地控制周边沉降。

参考文献：

[1] CJJ/T 76—98 城市地下水动态观测规程. 北京：中国建筑工业出版社，1998.

[2] JGJ/T 111—98 建筑与市政降水工程技术规范. 北京：中国建筑工业出版社，1998.

[3] 姚天强，石振华. 基坑降水手册. 北京：中国建筑工业出版社，2006.

[4] GB 50300—2001 建筑工程施工质量验收统一标准. 北京：中国建筑工业出版社，2001.

第六篇　变形监测与
质量控制

汕头深基坑变形特点的现场实测分析

谢锦荣

（汕头市建筑设计院，广东 汕头 515000）

[摘要]：本文以汕头地区典型的基坑工程为背景，通过对现场大量实测数据的整理分析，总结了软土深基坑变形的一般规律和特点。

[关键词]：深基坑；监测；变形

随着汕头城市建设的快速发展，高层建筑越来越多，与其配套的地下停车场也由一层发展到二层，甚至三层，基坑开挖深度已达到 19.6m。由于岩土性质、荷载条件、基坑周围环境条件的复杂性，仅靠理论分析和经验估计难以保证基坑设计与施工的安全、可靠和经济。只有将基坑监测与设计、施工相结合，才能及时发现不稳定因素，以便及时采取补救措施，确保基坑稳定安全，减少和避免不必要的损失，保证工程的顺利进行。当前，基坑监测已成了工程建设必不可少的重要环节，是指导施工的一门信息化技术。本文主要通过工程实例监测数据，分析各监测项目变形特点及其随开挖深度增加的动态变化过程，分析区域性基坑变形特征，为类似工程积累宝贵经验。

1 典型案例分析

汕头某电器广场项目位于汕头市长平路与金环路交叉处东南侧，本工程地上部分裙房6 层，层高约为 5.5m，裙房总高度 33m，上有两栋塔楼，塔楼总层数 26 层，地上建筑总高度为 105m，主体结构均设置三层地下室。基坑面积约为 1.42 万 m^2，周长约为 464m。本工程场地自然地坪相对标高为 −1.200m，普遍区域基础底板厚度 1000mm，基础承台厚度为 1400mm，塔楼区域基础底板厚度为 2600mm，塔楼电梯井深度为 3000mm，考虑基底设置 200mm 厚素混凝土垫层。各区域基础底板厚度和开挖深度如表 1 所示。

各分区开挖信息表 表 1

区域		底板相对标高（m）	底板厚度（mm）	垫层厚度（mm）	基底相对标高（m）	基坑开挖深度（m）
裙楼普遍区	筏板区域	−15.000	1000	200	−16.200	15.000
	承台区域	−15.000	1400	200	−16.600	15.400
塔楼区	筏板区域	−15.000	2600	200	−17.800	16.600
	电梯井区域	−18.000	2600	200	−20.800	19.60
裙楼局部落深区	筏板区域	−15.800	1000	200	−17.000	15.800
	承台区域	−16.000	1400	200	−17.400	16.200

2 基坑围护结构

本基坑支护结构采用如下形式：周边围护体采用单排钻孔灌注桩结合外侧单排 $\phi1000$ @750 三轴水泥土搅拌桩超深止水帷幕，竖向设置三道混凝土支撑。支护结构平面示意图见图 1、图 2 和图 3。围护桩参数见表 2。

图 1　基坑实景照片

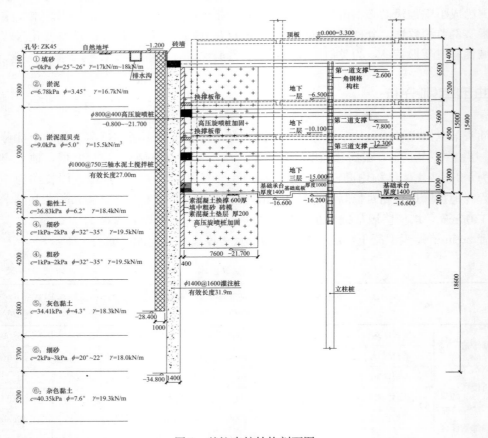

图 2　基坑支护结构剖面图

围护桩类型	图例符号	桩径（mm）	桩距（mm）	桩长（m）	桩数	备注
WZ1	◯	φ1400	1600	31.9	141	普遍区域
WZ2	⊗	φ1400	1600	31.9	57	9 层土层顶较高区域
WZ3	△	φ1450	1650	32.9	95	裙楼落深区

围护桩内边线与主体结构外墙间净距不小于 1100mm，灌注桩外边线与三轴水泥土搅拌桩内边线之间净距为 200mm，钻孔灌注桩主筋保护层厚度为 50mm，混凝土设计强度等级为水下 C35。三轴水泥土搅拌桩桩径 1000mm，有效长度 27.0m，搭接长度 250mm，采用 P.O42.5 级普通硅酸盐水泥，水泥掺量不小于 20%；三轴水泥土搅拌桩止水帷幕水灰比 1.5。墙体抗渗系数 10^{-7}cm/s～10^{-6}cm/s。三轴水泥土搅拌桩止水帷幕搅拌桩 28d 无侧限抗压强度标准值不小于 0.8MPa。基坑采用顺作法施工，基坑竖向共设置三道钢筋混凝土水平支撑系统，支撑呈对撑结合角撑边桁架布置。第一道钢筋混凝土围檩兼作围护桩压顶梁，围檩与围护桩内侧紧贴，围檩中心标高同支撑的中心标高。钢筋混凝土支撑及混凝土围檩保护层厚度为 30mm。三道支撑截面尺寸如表 3 所示。支撑立柱采用角钢格构柱，其截面为 460mm×460mm。支撑立柱桩采用钻孔灌注桩。

项目	中心标高（m）	围檩（mm）		主撑（mm）	八字撑（mm）	连杆（mm）	混凝土强度
第一道支撑	−2.600	压顶梁 YDQL1 1400×700	压顶梁 YDQL2 1450×700	1000×700	800×700	700×700	C30
第二道支撑	−7.800	1400×700		1400×800	1000×800	800×800	C40
第三道支撑	−12.300	1200×800		1100×800	900×800	800×800	C35

3　工程地质概况

根据工程地质勘察报告，场区基底为燕山三期花岗闪长岩侵入体，上覆土层为第四纪全新世-晚更新世滨海-海陆交互相-残积相堆积层，场区土层主要岩土工程特征及物理、力学指标见表 4。基坑开挖时主要涉及第 1～4 土层。

层序	土层名称	层厚（m）	重度（kN/m³）	直快抗剪强度		无侧限抗压强度 q_u(kPa)	K_{v20} (K_{H20}+)（cm/s）	天然坡角	
				内聚力 c(kPa)	内摩擦角 φ(°)			水上（°）	水下（°）
①	填砂	2.10～3.50	17～18		25～26				
②	淤泥	9.10～17.80	16.7	6.78	3.45	11～14	8.69×10^{-6} (2.13×10^{-6})		
	粉砂		18	2～3	20～22		3.20×10^{-4}	40.7	34.5
	淤泥泥贝壳		15.5	9	5		4.25×10^{-5} (9.06×10^{-5})		

171

续表

层序	土层名称	层厚（m）	重度（kN/m³）	直快抗剪强度		无侧限抗压强度 q_u(kPa)	K_{v20} (K_{H20+})（cm/s）	天然坡角	
				内聚力 c(kPa)	内摩擦角 φ(o)			水上（°）	水下（°）
③	黏性土	0.50～7.30	18.4	36.83	6.2		2.0×10^{-6}		
	粉土		19	6～8	23～24		4.0×10^{-4}		
④	粗砂	0.80～7.90	19.5	1～2	32～35		3.0×10^{-2}		
⑤	黏土	1.80～14.70	18.7	49.28	3.43		3.0×10^{-8}		
	灰色黏土		18.3	34.41	4.3		2.0×10^{-7}		
⑥	杂色黏土	0.80～10.70	19.7	40～41	3～10		1.0×10^{-8}		
⑦	砂土	2.90～8.90	19.8	1～2	32～35		$2.0～4.0 \times 10^{-8}$		
⑧	黏性土	0.30～5.70	18.8	50	9.5		3.0×10^{-8}		
	灰色黏土		18	39	5.1		4.0×10^{-7}		
⑨	粗、砾砂	1.20～15.20	20						
⑩	砂质黏性	0.50～7.70	18.1						
⑪	强风化花岗闪长岩	0.50～14.05	19.5						

4 基坑监测的项目、方法及测点布设

根据设计要求和本工程的实际情况，监测项目、测点布设及仪器情况见表5，具体位置见基坑监测点布置图（图3）。

监测项目具体情况表　　　　　　　　　　表5

序号	监测内容	测量元件	测点编号	测点数量	测试仪器
1	围护桩顶水平位移及沉降	测钉	ZD1～ZD18	18	瑞士徕卡 TS06 全站仪
2	围护桩身水平位移（测斜）	测斜管	CX1～CX15	15	美国 Geoken 603 测斜仪
3	土体测斜	测斜管	TX1～TX15	15	美国 Geoken 603 测斜仪
4	支撑轴力	传感器	一道撑：ZCZL1-1～ZCZL1-21 二道撑：ZCZL2-1～ZCZL2-21 三道撑：ZCZL3-1～ZCZL3-21	63	钢筋测力计
5	坑外地下水位	水位管	潜水：QS1～QS9 承压水：BCY1～BCY4， NCY1～NCY5	18	钢尺水位计
6	立柱沉降、水平位移	测钉	LZ1～LZ15	15	瑞士 WILD NAK2 水准仪、 徕卡 TS06 全站仪
7	坑底回弹	回弹标	HT1～HT6	6	瑞士 WILD NAK2 水准仪
8	周边道路沉降	测钉	DM1～DM40	40	瑞士 WILD NAK2 水准仪
9	周边建（构）筑物沉降	测钉	FW1～FW48	48	瑞士 WILD NAK2 水准仪
10	周边地下管线沉降	测斜管	PS1～PS45	45	瑞士 WILD NAK2 水准仪
11	周边建筑物裂缝				游标卡尺

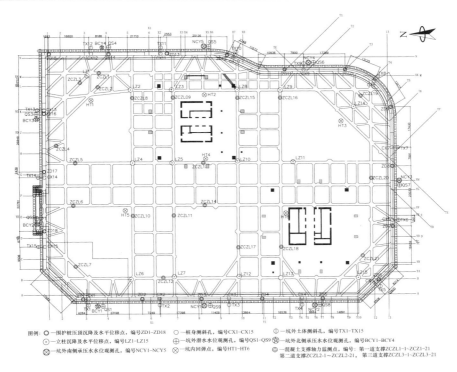

图例：○—围护桩压顶沉降及水平位移点，编号ZD1-ZD18　⊡—一桩身测斜孔，编号CX1-CX15　⊙—一坑外土体测斜孔，编号TX1-TX15
　　　□—立柱沉降及水平位移点，编号LZ1-LZ15　⊕—一坑外潜水水位观测孔，编号QS1-QS9　⊗—一坑外北侧承压水水位观测孔，编号BCY1-BCY4
　　　⊗—一坑外南侧承压水水位观测孔，编号NCY1-NCY5　⊗—一坑内回弹点，编号HT1-HT6　■—一混凝土支撑轴力监测点，编号：第一道支撑ZCZL1-1~ZCZ1-21，
　　　　　　　　　　　　　　　　　　　　　　　　　　　　　　第二道支撑ZCZL2-1~ZCZL2-21，第三道支撑ZCZL3-1~ZCZL3-21

图 3　基坑支护结构监测点布置图

5　基坑监测成果分析

5.1　桩体测斜和土体测斜分析

（1）本工程土体最终位移量最大的是位于北面的 TX14 孔，位移5.31cm。有 10 个孔的最终位移量超过设计报警值（3.5cm）；桩体最终位移量较大的是位于东面的 CX9 和 CX10 孔，位移分别为 6.89cm 和 6.27cm，有 7 个孔的最终位移量超过设计报警值（4.0cm）。原因主要是拆除内支撑过程产生的变形所致。

（2）各测孔位移速率最大时基本出现在开挖至坑底之时或拆除内支撑工况。在此阶段围护结构变形递增达到最大，原因是基坑开挖至坑底时，坑底承受的主动土压力最大，使得该处围护桩的变形速度也最大。另外拆除内支撑过程，如果坑壁没有及时回填土或采取其他支护措施，也会造成围护桩变形速度加大。

（3）土体测斜有 8 个孔（TX1、TX3、TX7、TX9、TX10、TX12、TX13、TX14）最大位移的所在深度在$-9.5m$～$-13.0m$之间，4 个孔（TX2、TX3、TX4、TX6）最大位移的所在深度在 0.00m（孔口）处，另外 3 个孔（TX8、TX11、TX15）最大位移的所在深度均在$-1.5m$～$-5.5m$之间。桩体测斜有 6 个孔（CX1、CX2、CX3、CX6、CX8、CX13）最大位移的所在深度在$-5.5m$～$-12.5m$之间，其余测孔最大位移的所在深度在$0m$～$-3.0m$之间。这比较符合该基坑围护结构的实际，采用内支撑对压顶梁进行加强支护的方法，使得围护桩产生最大位移的位置下移，使围护桩的变形曲线呈中间大两头小（见图4）。

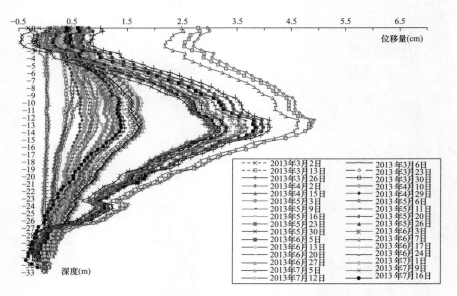

图 4　CX6 测斜孔累计位移曲线图（南侧）

（4）由各测斜孔不同深度位移量与时间关系曲线图（见图 5）可以看到，各测孔的曲线在中间呈"凹凸"形，这是由于基坑开挖过程位移逐渐增加，至坑底时位移最大，随着垫层、底板及传力带的浇筑，形成了坑内的又一层支撑，围护结构产生了负位移（向坑外的位移）。拆除内支撑时，位移继续增加，并随着负一层的浇筑，位移逐渐趋向平缓。最后的观测周期基本上趋向平行时间轴，表明围护结构的位移曲线逐渐趋向平缓，位移变形基本得到有效的控制。

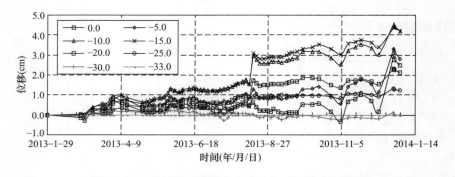

图 5　CX6 测斜孔不同深度位移量与时间关系曲线图

5.2　基坑压顶及立柱水平位移分析

基坑压顶的最大位移量为 17mm（ZD9 点），小于报警值（20mm）。各边的最大位移分别为：北边 16.8mm（ZD17 点），东边 16.7mm（ZD11、ZD13 点），南边 17mm（ZD17 点），西边 11.9mm（ZD5 点）。立柱南北向的最大位移量为 14mm（LZ15 点），方向→北；东西向的最大位移量为 13.1mm（LZ13 点），方向→东，均小于报警值（20mm）。压顶水平位移量与时间关系曲线图见图 6。

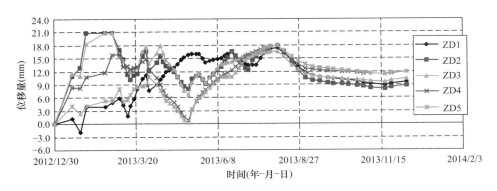

图 6　压顶水平位移量与时间关系曲线图（西侧）

5.3　坑底回弹分析

从 2012 年 12 月 8 日开始埋设回弹监测点并测量初始高程，2013 年 7 月 17 日基坑开挖至坑底时测量第二次，至 2013 年 8 月 3 日底板浇筑混凝土前测量第三次。坑底最终回弹量列于表 6。

坑底最终回弹量表　　　　　　　　　　　　　　　　　　　表 6

点号	HT1	HT2	HT3	HT4	HT5	HT6
回弹量（mm）	29	31	32	49	38	35

由表 6 可见，坑底最大回弹量为 49mm（HT4），最小回弹量 29mm（HT1），平均回弹量为 35.7mm。最大回弹速率 0.213mm/日，各监测点的回弹量均小于设计控制值（50mm）。从回弹曲线图（图 7）来看，坑中央回弹最大，越靠近坑壁，回弹越小。

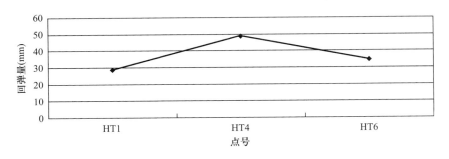

图 7　回弹断面图（东北角—西南角）

5.4　压顶及立柱竖向位移分析

基坑压顶共设 18 个沉降观测点，有 17 个点为抬升，1 个点下沉，抬升值最大为 16.44mm（ZD3 点），最小为 6.99mm（ZD14 点），平均为 10.45mm；下沉量为 −0.37mm（ZD17 点）。

基坑立柱共设 15 沉降观测点，各点均为抬升，抬升量最大为 17.84mm（LZ1 点），最小为 3.82mm（LZ14 点），平均为 12.42mm。

5.5 支撑轴力分析

本工程共设三道内支撑，每道内支撑设 21 个轴力监测点，共设 63 个监测点：一道撑 21 个（ZCZL1-1～ZCZL1-21），二道撑 21 个（ZCZL2-1～ZCZL2-21），三道撑 21 个（ZC-ZL3-1～ZCZL3-21），各监测点的最终轴力如图 8 所示。

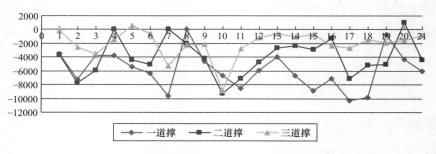

图 8　三道支撑最终轴力对比图

由图 8 中可见，有 2 个点（二道撑 20 号、三道撑 5 号）受拉，其余测点均受压。第一道支撑的最终轴力在 −764kN～−10220kN 之间，最大值为 −10220kN（17 号点），有 5 个点（7 号、11 号、15 号、17 号、18 号）大于设计报警值（8000kN）；第二道支撑的最终轴力在 −1283kN～−9266kN 之间，20 号点受拉，轴力为 1077kN，最大值为 −9266kN（10 号点），小于设计报警值（15000kN）；第三道支撑的最终轴力在 −200kN～−8826kN 之间，5 号点受拉，轴力为 572kN，最大值为 −8826kN（10 号点），小于设计报警值（12000kN）。由三道支撑最终轴力对比图可以看出，第一道支撑受力最大，其次为第二道支撑，第三道支撑受力最小。

支撑轴力随基坑的开挖深度增加而逐渐增大，挖至坑底时，轴力基本达到最大值，浇筑底板后，轴力逐渐趋向稳定。拆除第二道支撑后，第一道支撑轴力有所增加，负一层底板浇筑后，轴力基本趋向稳定。轴力时程曲线见图 9。

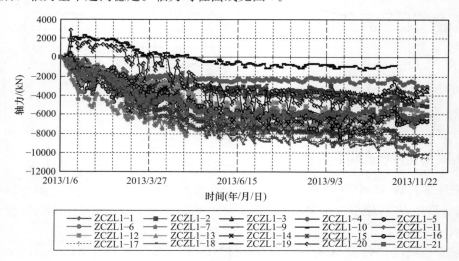

图 9　支撑轴力与时间关系曲线图（一道撑）

5.6 坑外地下水位分析

本工程共设 9 个潜水水位观测孔和 9 个承压水水位观测孔,从 2012 年 10 月 16 日开始观测,至 2013 年 12 月 31 日结束。潜水水位最终下降量为 $-371mm\sim-4078mm$,有 5 个潜水孔水位累计下降量大于规范允许值(1000mm);承压水水位最终下降量为 $-2123mm\sim$ $-6570mm$,各承压水位孔水位累计下降量均大于规范允许值(1000mm)。各点观测数据如图 10、图 11 所示。

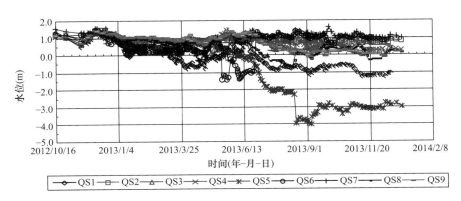

图 10　地下水位与时间关系曲线图(潜水)

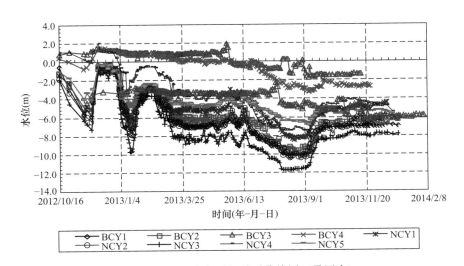

图 11　地下水位与时间关系曲线图(承压水)

潜水水位有 2 个孔(QS5、QS6)最大变化速度大于规范允许值(500mm/日),最大日下降量 $-955mm$(2013 年 5 月 16 日测得 QS6)。承压水位除 BCY4 外,其余 8 个孔的最大变化速度均大于规范允许值(500mm/日),最大日下降量 $-2550mm$(2013 年 1 月 12 日测得 NCY4)。

水位、沉降与时间关系曲线图见图 12,通过比较,可见周边沉降与坑外水位的升降存在一定的关联性,水位下降阶段,沉降曲线较陡,水位上升和稳定阶段,沉降曲线比较平缓。基坑东南角的水位孔 BCY3、BCY4 累计变化量较小，只有 160mm 和 −304mm，其附近的沉降点（PS1～PS8）沉降也较小，除 PS7，均小于 10mm，沉降曲线也较为平缓。

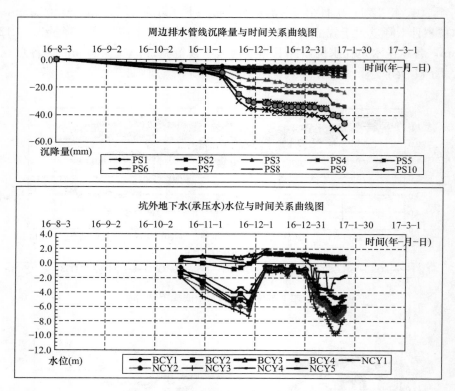

图 12　水位变化与地表沉降对比图

5.7　周边沉降分析

　　周边建筑物主体沉降量均较小，最大沉降量为 −1.71mm。沉降较大的是围墙和室外台阶，围墙最大沉降量为 −166.55mm，室外台阶最大沉降量为 −51.46mm。西面建筑物外地坪累计沉降量 −19.04mm～−95.67mm。

　　周边地面沉降情况：东面区间路累计沉降量 −54.15mm～−99.23mm；北面市政路东段累计沉降量 −15.18mm～−55.70mm，西段累计沉降量 −103.38mm～−121.59mm；西面市政路北段累计沉降量 −168mm～−180.64mm，南段累计沉降量 −93.73mm～−99.62mm；南面区间路累计沉降量 −99.74mm～−126.00mm。其中以基坑西北角的路面沉降最大，平均沉降量为 −142.43mm，南面区间路次之，平均沉降量为 −114.79mm。除 DM9、DM10、DM38 外，其余 37 个点的沉降量均大于设计控制值（20mm）。

　　周边管线沉降情况：北面累计沉降量 −9.18mm～−148.41mm，西面累计沉降量 −45.23mm～−169.35mm，南面累计沉降量 −15.97mm～−160.81mm，除 PS1、PS2、PS3、PS4、PS6 外，其余 40 个点累计沉降量均大于设计控制值（20mm）。其中以西面的排水管线沉降最大，平均沉降量为 −123.38mm，南面排水管线次之，平均沉降量为−118.60mm，北面排水管线沉降最小，平均沉降量为−62.24mm。

周边沉降情况与时间关系如图13、图14所示。

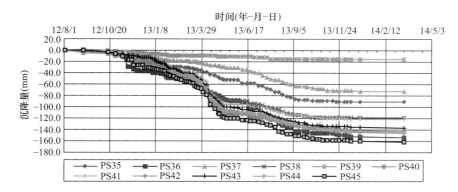

图13　周边排水管线沉降量与时间关系曲线图（南侧）

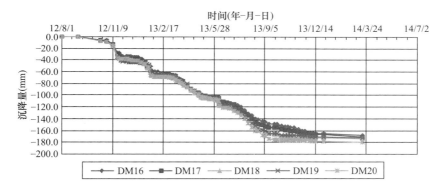

图14　周边地面沉降量与时间关系曲线图（西侧）

本工程在基坑四周地面沿垂直基坑方向线布设沉降观测点，每条线布设5个点，沉降情况如图15所示，靠近基坑的点沉降较大，远离基坑的点沉降较小，沉降量随测点离基坑的距离增加而逐渐减少。

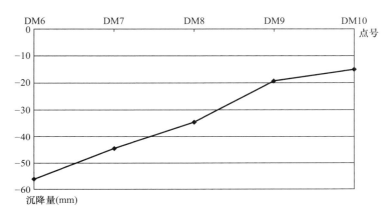

图15　垂直基坑方向的地面沉降曲线图（北侧）

6 分析及建议

（1）内支撑式支护结构的最大位移大多发生在开挖面上下，原因是采用内支撑对压顶梁进行加强支护的方法，使得围护桩产生最大位移的位置下移至临开挖面，使围护桩的变形曲线呈中间大两头小形状。

（2）最大累计位移大多出现在浇垫层工况下，也就是说在浇垫层之后围护结构的位移变形就逐渐缩小，也即在浇垫层、地梁及底板等阶段，围护结构产生了负位移（向坑外的位移），这是由于随着垫层、地梁及底板等的施工完成，形成了坑内的又一层支撑，垫层或底板的撑力产生了基坑壁向坑外的位移。

（3）最大位移速率一般出现在开挖至坑底时。在此阶段围护结构变形递增达到最大的原因仍在于坑底承受的主动土压力最大，使得该处围护桩的变形速度也最大。

（4）拆除内支撑必须在坑壁回填土压实后进行，否则会造成围护桩向坑内的较大位移。

7 结论

（1）汕头市区基坑工程开挖深度大多在 7m～8m，大于 10m 的基坑较少，从变形情况来看，挖深 5m～7m 的基坑最大位移为 5.3cm～16.3cm，挖深 7m～8m 的基坑，最大位移为 1.65cm～31.11cm，挖深 8m～10m 的基坑，最大位移为 1.10cm～30.84cm，挖深大于10m 的基坑，最大位移为 2.68cm～14.36cm，相同挖深最大位移相差十几倍，这主要与支护类型及开挖方式有关。

（2）目前汕头市区 10m 以下深基坑大多采用悬臂式双排钻孔灌注桩挡土，中间加 2～3排水泥搅拌桩挡水，钻孔桩桩径 800mm，桩长大于 3 倍挖深，搅拌桩桩径 600mm，支护结构平均位移一般为 9.53cm～11.03cm，对周边环境影响较小。这类基坑工程大多是按二级设计的，根据本地经验汕头市区二级基坑支护结构位移控制值可定为 8cm～10cm。对变形要求较严的深基坑只能采用内支撑支护结构。

（3）影响支护结构变形的因素有基坑尺寸、支护形式、开挖深度、地质情况、天气情况、周边环境及开挖方式等。基坑应采用分块分层开挖、分块浇筑，特别要注意控制开挖速度，切忌贪快贪大贪深，盲目开挖。基坑挖到底后，切忌暴露时间太长，应尽快浇筑承台和地下室底板，拆撑前应做好相应的保护措施。

深基坑工程具有很强的经验性和可变性，必须将基坑的变形监测与设计、施工紧密结合起来，及时发现危害基坑安全的多种因素，立即采取有效的补救措施，保证基坑工程安全顺利进行。

参考文献：

[1] 夏才初，潘国荣. 土木工程监测技术［M］. 北京：中国建筑工业出版社，2001.

［2］ 赵锡宏，李蓓，杨国祥，李侃. 大型超深基坑工程实践与理论 ［M］. 北京：人民交通出版社，2005.

［3］ 程艳军，滕秀琴，焦苍. 沿海地区高水位基坑施工监测分析 ［J］. 科技信息（学术版），2006，10：212-213.

［4］ 周健，韦会强. 复杂环境下的软土基坑监测分析 ［J］. 山西建筑，2007，33（4）：3-4.

［5］ GB 50497—2009 建筑基坑工程监测技术规范 ［S］. 北京：中国计划出版社，2009.

建筑深基坑工程内支撑结构拆除监测与分析

陈志远，蔡东平，袁继雄，蔡耿

（汕头市建设工程质量监督检测站，广东　汕头 515000）

[摘要]：建筑深基坑支护工程广泛采用内支撑结构，内支撑体系在拆除时的工作状态是考验基坑安全性的一个重要阶段。本文以具体工程为例，介绍内支撑体系的布置、拆除换撑工艺。通过对拆除过程所监测的轴力、立柱位移等数值变化进行详细分析，说明对拆除过程的应力应变和位移进行动态监测和分析，并指导施工的进行，是保障基坑安全性的重要手段。

[关键词]：深基坑；内支撑；拆除；监测

随着城市经济的快速发展，地下空间开发利用已成为必然趋势，建筑基坑向更深、更大发展，这对基坑支护结构提出了更高的要求，内支撑结构作为一种常用支护形式被广泛应用。本文将通过介绍某综合楼工程基坑内支撑体系的布置、拆除换撑施工过程中的动态监测，阐明在监测指导下进行施工的重要性和意义。

1　工程概况

某综合楼工程位于商业中心繁华地段，周围环境复杂，紧邻市政道路、写字楼大厦等。基坑总面积 14200m²，基坑总延长 464m，基坑普遍区域开挖深度 16.2m，基坑全景见图 1。工程所处地貌属韩江三角洲冲积平原前缘地带，原为近岸滩涂地段，后经人工填积而成。

图 1　基坑全景图

设计采用了钢筋混凝土内支撑体系，同时在场地的东南、东北两个角布置了钢筋加工场地，解决场地作业面积有限的问题，还设置两层栈桥来满足基坑开挖土方的运输。该内支撑体系较好解决了工程地质条件复杂、场地限制、周边环境复杂等问题。

2 基坑支撑拆除设计

本基坑设计三道钢筋混凝土内支撑，相应的内支撑标高、各层楼板标高见图 2，实况见图 3。

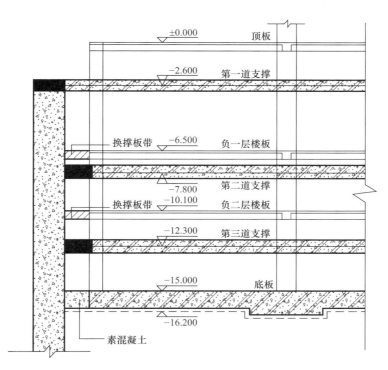

图 2 内支撑布置设计断面图

图 3 内支撑实况图

基坑支撑体系的拆除主要采用静爆方式，即在混凝土支撑梁上打孔、埋炸药的静爆方式，基坑支撑体系拆除流程大致为：搭脚手架→支撑梁钻孔、埋炸药→静爆破除→钢格构柱割除。

2.1 拆除顺序

根据围护支撑体系的设置，支撑及联系杆件的拆除分区进行，当拆撑条件具备时开始对内支撑进行拆除。支撑拆除遵循"先次要构件、后主要构件，先撑后拆、后撑先拆，主撑后拆"的原则，采用搭设满堂架配合人工风镐＋静爆拆除对内支撑进行拆除，先拆连杆、八角撑，然后对称拆除主撑，最后分段拆除围檩。如图4所示，每一道支撑首先对A-1、A-2、A-3、A-4四个区域同时进行拆除，接着拆除B-1、B-2区，然后拆除南北走向对撑C-1、C-2、C-3，最后同时拆除两条东西走向对撑D-1、D-2。

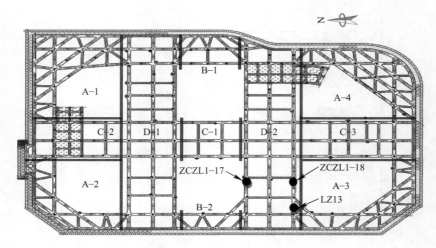

图 4　内支撑拆除顺序图

支撑拆除由下往上进行，各道支撑拆除顺序相同。支撑拆除须在楼板结构浇筑完成且楼板达到设计强度的80%后方可进行。钢格构柱割除遵循自上而下的原则。

2.2 拆除工艺

在每道支撑梁、格构柱、围檩等拆除前，都必须搭好脚手架支撑，防止在拆除过程中，支撑梁掉落砸坏结构楼板。

根据设计水灰比计算用水量和破碎剂的用量，现场试配破碎剂，直到其膨胀体积达到原来体积的2.5倍为宜。布孔孔距与排距的大小与混凝土强度及布筋有直接关系，硬度越大、混凝土强度越高、布筋密钢筋粗时，孔距与排距越小，反之则大。结合相关施工经验，本工程孔距采用200mm×200mm梅花形布置，孔深0.9H（H为梁、板高），若混凝土中钢筋粗且密，可采用减少孔距或二次施工的对策，即在未开裂的钻孔中加孔，再次配浆、灌注。

内支撑梁与围檩交接处、格构柱节点处应选择合适的位置布孔，钻1～2排密集空孔，为静态破碎提供破碎自由面，减少后续作业对暂不拆除结构的扰动，见图5，格构柱节点附近混凝土采用人工风镐对称拆除，确保格构柱不受到损坏。

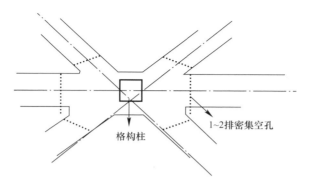

图 5　内支撑梁与格构柱交接处布孔示意图

2.3　换撑

在支撑拆除过程，需要在各层地下室板进行换撑。图 6 为底板外侧与支护桩之间浇筑的素混凝土，形成连续传力带，实现底板结构对基坑应力的换撑。地下二层及地下一层结构换撑设计相同，换撑围檩和换撑板带如图 7 所示，标高与相邻结构楼板面标高相同，与结构楼板一同浇筑完成，换撑围檩是为防止应力集中，更好传递换撑板带传来的应力。

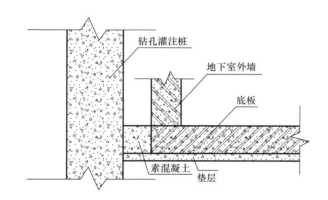

图 6　底板素混凝土换撑示意图

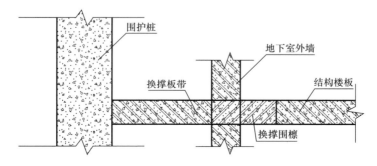

图 7　地下一层换撑围檩及板带图

3 拆除中的监测及分析

3.1 监测基本情况

本工程地处市区繁华地段，基坑面积较大，周边环境保护要求较高，必须在施工过程中进行综合的现场监测并分析，实时掌握整个基坑运行安全状况，了解基坑周边环境变化情况。监测包括基坑周边环境监测和基坑围护监测，监测指标的报警值见表1。

监测指标的报警值　　　　　　　　　　　　　　　　　　表1

监测项目	速率（mm/d）	轴力（kN）	累计值（mm）
桩顶位移	3		20
桩身、土体测斜	3		30
立柱水平位移	5		20
第一道支撑轴力		8000	
第二、三道支撑轴力		12000	

3.2 内支撑的拆除监测分析

内支撑拆除是伴随着地下室结构施工进行的，经历了6个月的时间，是考验基坑安全性的一个重要阶段。该过程的监测数据量庞大，在此仅选取部分数据进行分析。

在基坑全面开挖过程至底板浇筑完成，围护桩的桩顶位移，围护墙的桩身、土体测斜（深层水平位移），立柱水平位移有增大的趋势，但都没有超过报警值；底板浇筑完成后，围护桩顶、立柱水平位移变化有减小的趋势，这是由于底板相继浇筑完成，结构整体刚度不断增大，抵抗基坑围护墙体变形能力越来越强的缘故。第一道内支撑的第17、18号轴力监测点（见图4，ZCZL1-17和ZCZL1-18），在基坑施工过程中的变化较明显，且达到监测轴力最大值，因此选取其（表示为1-17、1-18）轴力值在几个施工时段的变化进行重点分析。

表2列出3个典型施工时段（工况）的施工内容和对应轴力变化趋势。在图8～图11给出具体的变化曲线，各图的横坐标为具体的观测日期，纵坐标为实测轴力值。

土方开挖程度和轴力变化趋势的关系　　　　　　　　　　表2

工况	施工时段	基坑施工进度	轴力变化趋势
I	6月2日至7月30日	开挖第三道支撑下部土方至底板浇筑	轴力有增大的趋势，但有上下波动
II	9月29日至10月12日	第三道支撑拆除过程中	轴力先增大后趋于稳定
III	10月29日至12月3日	第二道支撑拆除过程中	轴力先增大后减小

3.2.1 第 I 工况

在第 I 工况，如图8所示，1-17、1-18轴力值开始超过报警值，但整个支撑体系处于正常稳定状况，同时段的围护桩顶、立柱水平位移处于报警值以下。从连续几天的数据看，轴力变化是上下浮动的，并不是持续增加，经进一步了解，每天监测的时间并不相同，与该时段的天气变化相关，推断温度变化影响了支撑轴力测试值。在其他基坑项目，

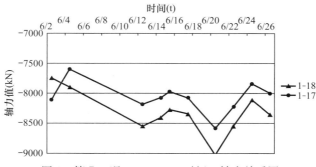

图 8　第Ⅰ工况 1-17、1-18 时间—轴力关系图

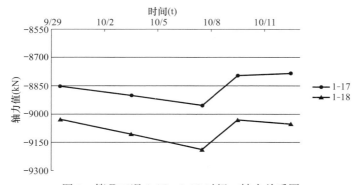

图 9　第Ⅱ工况 1-17、1-18 时间—轴力关系图

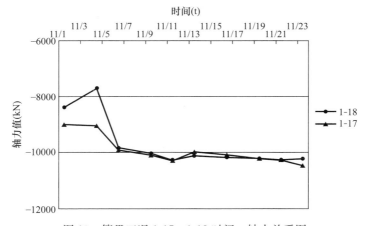

图 10　第Ⅲ工况 1-17、1-18 时间—轴力关系图

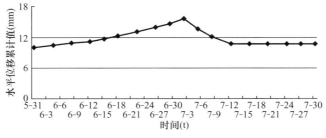

图 11　LZ13 水平位移累计值

笔者曾在24小时内分四个时段测试了相同位置的轴力，未考虑温度修正时，偏差达到10%~20%。

3.2.2　第Ⅱ工况

在第Ⅱ工况，如图9所示，在第三道支撑拆除过程中，1-17、1-18轴力变化为先增大后减小。这是因为底板浇筑完成后，随着混凝土强度逐渐提高，由整个底板代替原来的第三道支撑抵抗基坑围护墙土体变形，由于底板整体性更好，刚度增大，抵抗基坑变形能力增强，围护墙变形趋于稳定。支撑体系受力自然减小。

3.2.3　第Ⅲ工况

在第Ⅲ工况，如图10所示，在第二道支撑拆除过程中，1-17、1-18轴力值呈现增大趋势，但后期比较稳定。由于一开始第二道支撑体系与负二层楼板共同抵抗基坑围护墙体变形，整体刚度大；在拆除过程，整体刚度逐渐变小，在第二道支撑体系拆除完，就转换成仅由负二层楼板抵抗基坑变形，轴力变大；后期完成转换后，围护墙反弹变形趋于稳定，则轴力也趋于稳定。

3.2.4　LZ13立柱变形

LZ13立柱监测点位置见图4。在图11可见，随着土方开挖，LZ13立柱水平位移位移有增大趋势；在基坑开挖到底时，其水平位移累计值达到最大；在相继浇筑底板换撑时，位移基本不变。

从整个监测数据来看，从底板浇筑到三层底板浇筑完成，桩顶、立柱水平位移变化很稳定，处于监测指标报警值以下，说明在支撑拆除过程中，工序时间控制较好，换撑及时，相继浇筑的结构楼板发挥了抵抗变形的作用。而1-17、1-18轴力超过报警值的情况，经综合分析，不代表基坑安全性发生变化。

4　结论

（1）软土地区深基坑施工过程，内支撑体系的拆除与换撑存在较大不可控性，通过监测及分析，不仅能及时掌握基坑及周边环境的安全状况，且能指导施工的进行。

（2）对于内支撑结构，结构轴力监测要和围护桩的桩顶位移，围护墙的桩身、土体测斜（深层水平位移），立柱水平位移等同步进行，一并分析。

（3）在换撑过程中，内支撑结构轴力、立柱水平位移是主要监测对象，随着地下室各层楼板的浇筑和强度的增长，换撑效果比较显著。

参考文献：

[1]　GB 50497—2009 建筑基坑工程监测技术规范 [S]. 北京：中国计划出版社，2009.
[2]　张建全. 北京某深基坑工程施工监测与成果分析 [J]. 工程勘察，2010，38（2）：66-70.
[3]　谭峰屹，汪稔，于基宁. 超大型基坑开挖过程中的信息化监测 [J]. 岩土工程学报，2006，28（0z1）：1834-1837.
[4]　骆祥平. 深基坑混凝土内支撑拆除技术在工程中的应用 [J]. 江苏建筑，2013（5）：81-83.

某基坑工程位移过量原因分析及处理措施

陈文煜

(广东鸿宇建筑与工程设计顾问有限公司，广东　汕头 515000)

[摘要]：本文通过一工程实例，分析了基坑采用土钉支护因雨水渗透导致变形过大的原因，同时提出解决办法。

[关键词]：位移；土钉支护；斜支撑

1　工程简介

工程场地位于潮阳区棉城桃园社区居委会北侧，项目占地面积约 46000m² ；主要由 14 幢 18～28 层、地下室 2 层和其他附属建筑物组成，采用桩基础，剪力墙结构，开挖深度为 6.68m～8.61m。基坑场地周边环境：场地较为空旷，北侧为民宅，西侧距离学校超过 20m，其余均为空地，周边无管线分布。

地貌单元属剥蚀残丘与冲洪积平原交界处，地形较平坦，原为农作物种植地。根据钻孔揭露深度内场地地基岩土层自上而下依次为：

（1）人工填土（Q$_4^{ml}$）：主要由砂质黏性土、建筑垃圾、碎砖石块组成，欠固结，欠压实，为新近填土。

（2）坡洪积土（Q$_4^{dl+pl}$）：主要由浅黄—灰黄—黄白—砖红—灰白色粉质黏土、浅灰—灰黄色粗砂组成，形成于第四纪全新世。

（3）残积土（Q^{el}）：由浅灰—灰黄—黄白色、砖红色花岗岩残积土组成，形成于第四纪。

（4）岩浆岩（γ）：主要由中粗粒花岗岩组成，形成于燕山期，构成本区硬质基底。

地下水的情况为：孔隙潜水赋存于粗砂透镜层中，其来源主要由大气降水直接渗入补给，并以蒸发作为它的主要排泄途径，水位和水量受气候、季节等因素影响大，动态不稳定。

2　支护设计

2.1　基坑特点

（1）本基坑坡脚存在粗砂夹层，易产生水土流渐，导致边坡破坏。支护设计对此应采取有效预防措施。

（2）北侧由于场地限制，地下室外边线距围墙 4m，外围为民宅，应控制支护结构的水平位移和沉降，以及基坑支护结构外侧土体沉降，确保安全。

2.2 支护设计方案

基坑支护平面图见图 1。基坑工程分 5 个剖面进行支护，具体如下：

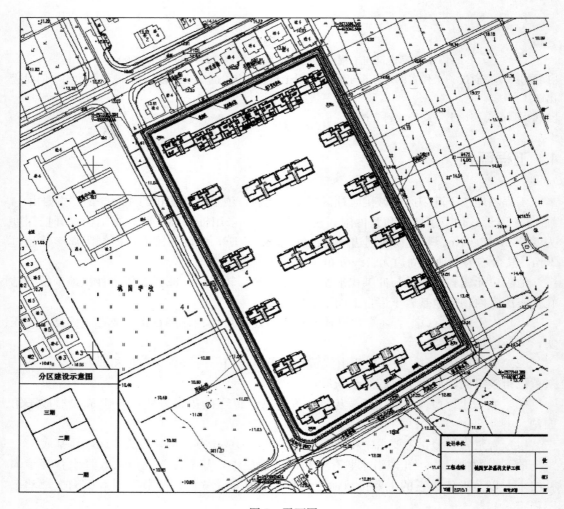

图 1 平面图

（1）1-1、2-2 及 4-4 剖面：用于东侧、西侧，分级放坡，上部按 1：0.8～1.0 坡率放坡，底部垂直开挖，开挖前施工 2 排旋喷桩止水，坡面设置 5 排土钉＋C20 喷锚进行支护。

（2）5-5 剖面：北侧部分，分级放坡，上部按 1：0.8～1.0 坡率放坡，底部垂直开挖，开挖前施工 2 排旋喷桩止水，坡面设置 5 排土钉＋C20 喷锚进行支护。

（3）3-3 剖面：用于南侧，按 1：0.5 坡率放坡，坡面设置 5 排土钉＋C20 喷锚进行支护。

剖面形式见图 2～图 4。

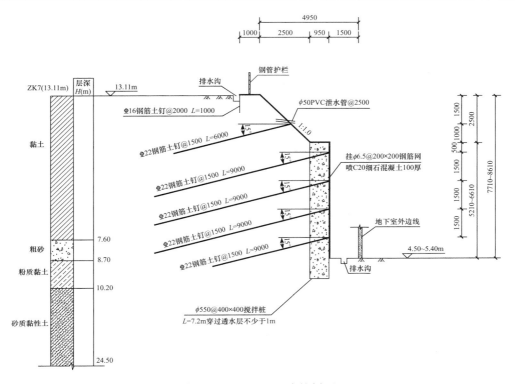

图 2　1-1，2-2，4-4 支护剖面

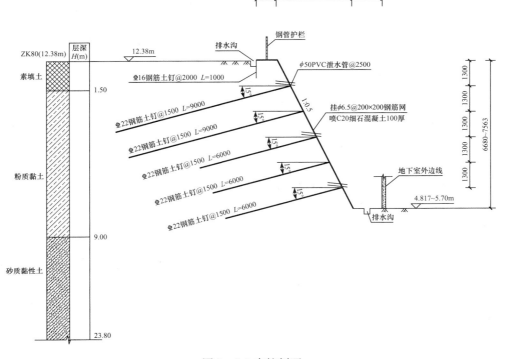

图 3　3-3 支护剖面

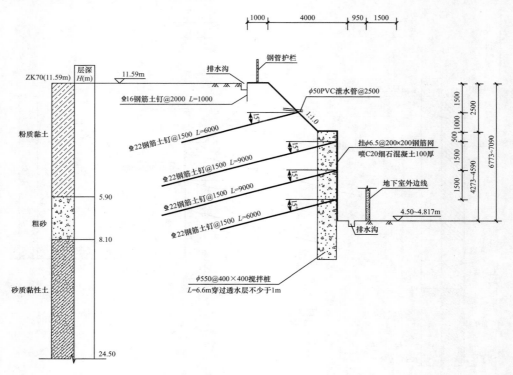

图 4   5-5 支护剖面

3   施工及事故情况

工程实施过程中，在北侧中段部分黏土层出现夹砂层时，成孔困难情况下，第二排漏打土钉约 15 根。

北侧的 5-5 剖面为基坑开挖最后一侧，2015 年 5 月进行第五排土钉施工时，遇 16、17 日连下大雨，18 日早发现基坑此侧的侧壁在坑顶往下约 2.5m 处土体往坑内隆起，坑顶出现一道宽约 20mm 的裂缝，此基坑侧壁呈现不同程度的龟裂。基坑支护顶最大位移超过安全控制值 100mm，需立即采取措施，即迅速推土回填挖土段。

4   过量位移原因分析和加固措施

4.1   过量位移原因

（1）由于连续的大雨使得基坑周围道路积水，北侧的市政排水管网的水无法迅速排泄，从而通过各种地下途径渗入基坑，增加基坑边坡压力。

（2）该地段的粉质黏土按勘察报告属遇水软化，土的结构被扰动后遇水可呈流塑状，属于高灵敏性土。土层扰动后内摩擦角降低幅度较大，通常为 20%～40%。土层的内摩擦角降低使土钉的锚固摩擦阻力变小，基坑侧壁变形增大。

（3）局部漏打土钉，致土钉间距加大，增加侧壁的变形。

4.2 加固措施

（1）拆除北侧的围墙。

（2）查清市政排水管网分布情况，针对基坑渗透水的源头采取堵截疏导措施。

（3）增设竖向斜支撑钢构件体系，见图 5。

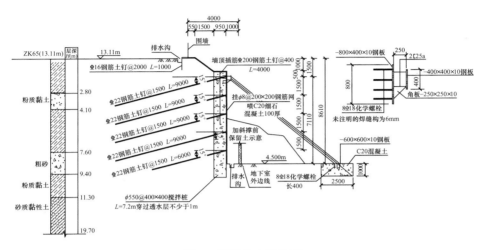

图 5 钢结构支撑体系

（4）迅速组织施工人员完成地下室底板的浇筑，并要求底板与坡脚处浇筑 400mm 厚素混凝土传力带。

5 结语

基坑设计应重视地区岩土特性的分析研究。岩土体是历史自然产物，其工程性质受环境、地理气候影响，因此显示出明显的地域特征。只有充分认识地区岩土特性，才具有做好基坑工程的基础。

复合喷锚支护的应用要充分考虑一些不利的因素，综合确定。由于其计算模型至今没有统一，设计方法很不成熟；水泥土加固体通常深层搅拌形成，其施工质量很难控制，整体性不能保证；深层搅拌形成的复合喷锚支护应付风险的能力较差，原位搅拌形成的水泥土桩易形成"千层饼"状或"鸡蛋芯"状，这对于承受水平力和弯矩作用的支护构件而言是致命的弱点。

参考文献：

[1] JGJ 120—2012 建筑基坑支护技术规程［S］. 北京：中国建筑工业出版社，2012.

[2] 龚晓南. 基坑工程实例 2［M］. 北京：中国建筑工业出版社，2008.

[3] 胡菲. 深基坑中钢支撑结构的设计与应用［J］. 浙江科技学院学报. 2009，21（1）：32-49.

[4] 王志新，卜晓翠. 深基坑支护的设计与施工［J］. 山西建筑. 2007，33（9）：112-113.

澄海富居豪庭深基坑围护设计施工的监理

温金城，王淑生

（广东恒胜建设监理有限公司，广东　汕头 515000）

[摘要]：本文介绍了该工程围护结构设计过程、结构设计方案论证、施工方案审查及施工过程中项目监理机构的工作重点和工作内容，并且有效地应用了一些应急方案和措施。

[关键词]：围护结构；方案论证；监理控制要点；施工过程；应急方案

随着我国社会经济的快速发展，许多大型住宅区、商业中心拔地而起，深基坑、大型地下开挖工程大量出现，由于地下室围护结构失稳或透水所导致的事故和扰民纠纷时有发生，成为工程质量、安全管理一大难题。如何确保围护结构稳定、不渗漏，是工程管理人员考虑的重点。本文结合澄海富居豪庭工程基坑围护结构设计施工过程的监理进行阐述。

1　工程概况

1.1　项目概况

富居豪庭住宅楼工程位于澄海老城区，总建筑面积 76508.4m²，两层地下室，基坑面积约 9523m²，周长 431.4m，长边为 162m，现状地面标高 -0.5m，基坑底面标高为 -8.35m，属于超过一定规模危险性较大的分部分项工程。基坑北面为衙前溪，西面围护结构与民居仅有一墙之隔，南面为区间小路，东面邻近中山南路，如图 1 所示。

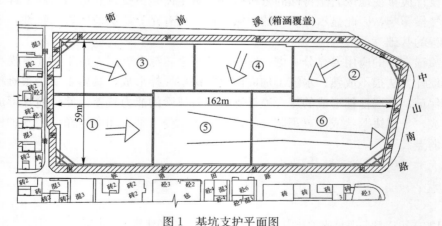

图 1　基坑支护平面图

1.2　地质情况

该项目施工场地属于典型的三角洲相沉积与海相沉积的工程地质条件，场区内需开挖的土层及围护桩施打的土层从上到下分别为：①杂填土：厚度为 0.70m～2.70m，以人工堆填的泥砂为主，少量—多量建筑废土，松散。②黏黏土：层面埋深为 0.70m～2.70m，厚度为 0.50m～1.70m，以高岭土质黏黏粒为主，含少量粉细砂，黏性好，可塑。③淤泥土：层面埋深为 2.30m～3.80m，厚度为 0.50m～1.70m，以淤泥为主，含少量粉砂，高压缩性，饱和，流塑。④细砂土：层面埋深为 3.00m～4.10m，厚度为 1.80m～3.00m，成分为石英、长石，以粉细粒砂为主，不良级配，饱和，稍密。⑤淤泥土：层面埋深为 5.60m～6.80m，厚度为 2.60m～3.70m，以淤泥为主，含少量粉砂，高压缩性，饱和，流塑。⑥黏黏土：层面埋深为 8.70m～9.60m，厚度为 1.30m～4.10m，以高岭土质黏黏粒为主，土质纯，黏性好，可塑。⑦淤泥土：层面埋深为 10.00m～13.30m，厚度为 3.40m～6.80m，以淤泥为主，含少量粉砂，高压缩性，饱和，流塑，少数钻孔夹稍密细砂土。⑧黏土：层面埋深为 16.80m～18.80m，厚度为 1.10m～4.80m，以高岭土质黏粒为主，土质纯，黏性好，可塑。⑨淤泥土：层面埋深为 20.90m～22.10m，厚度为 11.80m～16.10m，以淤泥为主，含少量粉砂，高压缩性，饱和，流塑。

1.3 围护结构设计形式

富居豪庭项目基坑围护结构采用双排钻孔灌注桩（东南西面 $\phi800$/北面 $\phi700$）挡土加中间 10m 深双排 $\phi600$ 深层水泥搅拌桩止水支护方案，在坑底被动区部位采用格构式 5m 深 $\phi600$ 水泥搅拌桩加固（见图 2），钻孔桩桩长 19m～24m，桩端进入地质报告揭露的第⑧层（黏土层）。

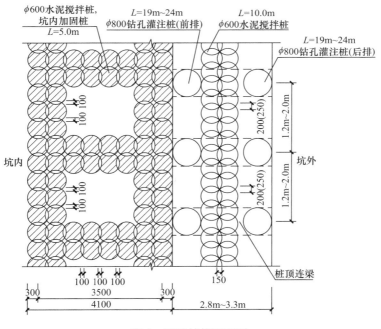

图 2 围护结构平面图

2 地下室围护结构设计方案的论证确定

业主单位认为围护结构只是临时性工程，用过即弃，没有必要投入那么大的成本，要求设计单位降低设计要求，进行所谓的"优化"。而我们的经验却是：围护结构是地下室施工顺利与否的关键一环，如有闪失，补救困难，费用巨大，对整个工程造成重大影响，得不偿失。

尤其是本工程的西面、南面建筑物密集，距离围护结构最近只有1.8m～3.5m，多为居民自建的浅基础砖混结构楼房，对变形渗漏等要素极其敏感，容不得半点疏忽大意。设计方案出来后，监理工程师积极与业主方进行沟通，依据多年的监理经验，举例子，说明理由，充分取得业主方的信任和支持，在专家论证中提出了自己的意见，促成围护结构以下几方面的调整：①西面双排钻孔围护桩间距由1.8m改为1.2m，南面钻孔围护桩间距由2.0m改为1.8m；②止水幕墙水泥搅拌桩的水泥掺入量由15%调整为18%（西、北面）和16%，靠近衙前溪的围护结构北面止水帷幕水泥搅拌桩咬合由200mm调整为250mm；③四周压顶上的角撑增加一道400mm×800mm斜梁；④东北角施工面不够，双排φ700钻孔桩改为单排φ1200大直径钻孔桩，桩距为1.6m。在地下室土方开挖，底板绑扎钢筋期间，断断续续二十多天的大雨，环城河水位几次高过压顶的情况下，整个围护结构没有出现漏水现象，且结构变形也在规范和设计范围内，达到了优化效果（见下述6工程监测内容及监测成果）。

3 施工准备阶段专项方案的审查

项目监理机构在审查专项方案编制的针对性、合理性及可操作性时，根据专业知识和经验提出土方开挖应按后浇带的位置划分，敏感部位大基坑小开挖，把东西面约59m长的基坑划分为两个开挖区，162m长的南北面划分为三个开挖区，并且考虑隔区开挖，减少基坑的连续暴露面，土方运输通道和出土口在东面（见图1）；施工单位应配备足够的应急材料，例如编织袋、棉被、水玻璃、工字钢等堵漏及支撑材料；第三方监测应在周边民宅设置监测点，在合同中明确提出基坑开挖施工过程中监测的频率，特殊情况随叫随到，检测数据及时反馈等审查意见，为后续的工程管理提供了依据和保障。

4 围护结构钻孔灌注桩和水泥搅拌桩的监理

围护结构的施工质量是基坑工程安全的重要保证，项目监理机构主要从下面的环节管控工程质量。

4.1 钻孔灌注桩

① 桩位复核、桩径及孔深检查，成孔质量检查，注意钢筋笼的吊装方向是否正确（钢筋笼内外侧配筋不同）。

② 灌注桩应采用间隔成桩，刚完成混凝土浇筑的钻孔桩与邻桩成孔安全距离不应小于4倍桩径，或间隔时间不应少于72h。

③ 桩身范围内存在较厚的粉性土和砂土层，适当提高泥浆相对密度和增加泥浆黏度。

④ 钢筋笼主筋连接采用焊接连接，同一截面上的接头数量不得大于主筋总数的1/2，主筋接头间距应≥1200mm，搭接段箍筋应加密，螺旋箍筋和加强箍筋与主筋之间必须点焊。

⑤ 清孔后应尽快浇筑混凝土，并连续施工，确保混凝土的浇筑质量。

⑥ 施工中还应做好成桩过程中各个环节的施工原始记录和测试工作，每一道工序结

束时必须验收，确保合格后才能进行下道工序的施工。

4.2　水泥搅拌桩

① 开挖排泥沟，在沟内用钢筋段插上桩点位置，对桩点桩距进行复核。

② 控制好桩机底座的平整度和钻杆的垂直度，保证桩的垂直度和桩间咬合。

③ 严格执行三次喷浆四次搅拌的施工工艺要求，控制钻进速度，加强旁站记录，发现违反操作规程的及时予以制止，定期抽查水泥用量折算水泥掺入量，确保水泥搅拌桩达到设计强度要求。

④ 连续施工，减少桩间接缝，特殊情况出现间歇时间太长，或桩闭合时出现接缝，必须在接缝外侧采用水泥搅拌桩进行围护，防止桩间接缝出现漏水现象。

5　施工过程的动态管理

围护结构的变形集中在地下室土方开挖阶段，严格按施工方案组织施工，分层分段分区开挖，严禁超挖，延缓围护结构侧压力的释放，这样才能减小变形量。为了缩短基坑暴露时间，减小围护结构变形对周边道路和民宅的影响，监理部及时组织开挖片区分段验收（包括桩基、钢筋隐蔽验收等），使工程各道工序够连续施工，加快地下室工程施工进度。

项目开挖至北面第③区时，由于连日暴雨，监测点测得压顶水平位移速率大于 6mm/d，压顶沉降变化速率大于 4mm/d 的报警值。项目监理机构及时将情况通报业主，并立即召集设计、施工单位召开现场会议，制定以下应对措施：①加强监控频率，每天监测一至两次，直至变形稳定；②启动应急预案，架设工字钢支撑梁对围护结构进行支护（图3）；③经设计人员验算同意，在接下来的底板和负二层顶板施工中增设传力撑，缩短围护桩悬臂长度，控制围护结构变形量（图4）。通过以上应急措施，保证了围护结构的安全。

图3　工字钢支撑

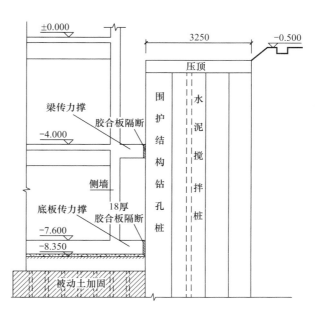

图4　底板、梁传力撑

6 工程监测内容及监测成果

6.1 监测内容

为确保工程在施工期间的安全，以及周边建筑（构）物的安全，受业主委托，监测方制定了基坑监测方案，监测项目见表1。

监测项目情况表　　　　　　　　　　　　　　　表1

序号	监测内容	监测元件	测点编号	测点数量	测试仪器
1	围护桩深层水平位移监测	测斜管	CX1～CX4	4	Geoken603 测斜仪
2	压顶水平位移监测	测钉	WY1～WY21	21	徕卡 TS06 全站仪
3	压顶沉降观测	测钉	WY1～WY21	21	WILD NAK2 水准仪
4	周边建筑沉降观测	测钉	1～42	42	WILD NAK2 水准仪
5	周边建筑物裂缝观测		西面和南面建筑物	16 座	游标卡尺
6	地下水位观测	观测孔	SW1～SW4	4	钢尺水位计

6.2 监测成果分析

（1）围护结构不同深度水平位移监测成果分析，位移量最大为 6.06cm，最小为 1.87cm，各测斜孔的最大累计位移量均小于设计允许值，各孔最终变化速率在 0.001mm/h～0.018mm/h 之间，围护结构的变形已趋于稳定。

（2）基坑压顶水平位移监测显示，21 个测点中有 5 个测点超过设计允许值（60mm），最大位移量为 106.1mm，位于北面基坑的中部，最后两个周期各测点位移曲线已趋向平稳，位移变形已趋向稳定。

（3）沉降观测，3 个点下沉，平均下沉量为 -1.07mm，有 18 个点上升，平均上升量为 3.94mm，小于规范允许值，最后一个周期的平均沉降速度小于 -0.01mm/日，表明基坑开挖对压顶沉降影响较小。

（4）周边建筑沉降监测，西面建筑有 15 个点没有沉降，9 个点下沉，平均沉降量是 -2.66mm，南面 18 个测点的平均沉降量为 -10.36mm，各测点均未超过规范允许值（30mm）。监测表明，基坑开挖对周边建筑影响较小，最后周期的平均沉降速度均小于沉降稳定标准（-0.01mm/日），最终沉降已趋于稳定。

（5）建筑物裂缝监测，地下室竣工回填后再对建筑物外墙裂缝观测，由前后两次观测成果比较，建筑物原有裂缝最大增大 1.87mm，长度没有变化，未发现新增裂缝，表明基坑开挖对周边建筑物影响较小。

（6）地下水位监测成果分析，坑外水位进行 24 次观测，开挖期间最大下降量为 -460mm，小于规范允许值（1000mm），日下降最大速率 -44mm/日，小于规范允许值（500mm/日），表明基坑的止水效果达到设计要求，最后两个周期的曲线基本平行时间轴，表明水位最终趋于稳定。

7 结语

该深基坑工程，施工可利用场地狭小，周边道路及建筑物对变形敏感，施工难度大。项目监理部实施了事前预防、事中控制、事后应急处置措施，把安全风险控制到最小。通过加强监理、监测、采取应急措施方法，确保围护结构安全有效，基坑开挖和地下室施工过程对周边道路和建筑物的影响最小。

参考文献：

[1] GB/T 50319—2013 建设工程监理规范［S］. 北京：中国建筑工业出版社，2013.
[2] JGJ 311—2013 建筑深基坑工程施工安全技术规范［S］. 北京：中国建筑工业出版社，2013.

建筑工程深基坑土方开挖安全管理要点

吴汉川

（汕头市工程建设安全监督总站，广东　汕头 515000）

[**摘要**]：汕头地区淤泥层厚度达 30m～40m，土方开挖不合理容易造成工程桩断桩，甚至基坑坍塌。深基坑土方开挖应做好的工作包括：有效的管理机构；可行的专项方案；规范的临电方案，第三方对周边环境和支护结构的监测。

[**关键词**]：深基坑；淤泥层；土方开挖；第三方监测

1　汕头市地基土概述

汕头市区建筑地基土层构成复杂，多数由表层耕作土、人工回填土、粉砂、细砂、中砂、粗砂、砾砂、淤泥、淤泥质土等土层构成。区域不同，土层组成也不大相同，差异很大。

淤泥质土有的厚度达 30m～40m，且含有大量未分解的腐蚀质、有机质、贝壳等，含水率较高，呈软塑或流塑状态，给建筑地基土层开挖带来很大的不便和诸多困难，加大了建筑地基基础工程建设的资金投入。

2　深基坑土方开挖安全管理原则

尊重科学，合理安排工期，选择适合当地建筑物地基土层的开挖方法，方能达到工期安全两不误。一项建筑工程如何确保基础分部工程施工工期安全两不误，是每个投资者最关心的大事。投资者必须遵循当地土质条件的特性及深基坑开挖的安全管理及要求，一旦背离当地土质开挖特性及违反自然规律要求，一味追求施工进度，轻者会造成拖延工期，增加一定的工程投资；重者造成工程桩基础因开挖变形断桩而补桩，甚至造成基坑坍塌的事故。

例如广州市的某商住楼项目，建筑面积约 7 万 m^2，基坑面积约 1.7 万 m^2，预应力管桩基础，上部淤泥较厚，开发商将基础土层开挖分包给基础开挖公司，一味追求施工进度，总包方多次提醒开发商，由于开发商不予理睬，造成该项目因开挖断桩而补桩增加费用 600 多万元，并延误工期。因此建筑深基坑开挖的安全管理必须作为基础分部施工的一项重要工作抓牢抓实。

3　深基坑土方开挖安全管理应做好的工作

深基坑支护施工与土方开挖工程，是一项复杂系统工程。每一道工序的质量安全工作都密不可分，既是质量问题，又是安全问题。基坑支护系统因质量不符要求，造成局部垮塌，造成安全事故；安全管理因工序质量管理不到位形成安全事故，都是时有发生的事。例如金砂路与金凤路交叉处，1990 年代基坑安全管理得不到重视，某项商品房工程，开发商为节约投资，私自不做基础西北角内斜支撑，又不经监管部门质量验收合格就进行开挖，造成基坑垮塌。该事故号称汕头市第一基坑垮塌事故，停工后，工期拖延 10 多年。一个项目的建造者，必须牢记"安全为了生产，生产必须安全"的安全生产方针，必须以安全管理为中心，做好以下几项工作：

（1）成立一个行之有效的安全质量管理机构。

这个机构的人员必须有良好的职业道德和高度的责任心，具有基础分部工程施工的技术质量安全管理水平。机构由项目经理、项目技术负责人、项目专职安全员、机电班组长、各专业（泥工、木工、钢筋工、土方开挖机械等）技术管理人员组成。上岗前公司技术管理部门必须对这一管理技术机构人员进行安全技术教育和安全技术交底。

（2）编制深基坑开挖方案。

随着建筑工程项目规模的不断发展，深基坑的面积越来越大，开挖深度越来越深，基坑工程的安全风险也越来越大。深基坑开挖的安全技术日益受到人们的重视。一项建筑工程的基础分部工程的施工，应根据地质资料及施工现场的具体情况，编制深基坑土方开挖方案，深基坑开挖方案深度 5m（包含 5m）以上的，其施工方案必须经专家论证合格。

深基坑土方开挖方案中必须有足够保证深基坑土方开挖的安全措施：

① 根据地质资料提供的场地土层分布条件及场地周边的环境进行场地分块分层开挖。块与块、层与层之间，都必须制定严格保证土层开挖扰动后土层稳定的安全措施，块与块间的土坡应有保障稳定措施。例如，中山路与黄山路交界处一项商品房工程，为了安装塔吊，不按开挖方案开挖，一次开挖深度 5m 多造成几十米的基坑支护平移约 50cm，经及时抢险，才未造成基坑倒塌。

② 根据施工场地情况，合理布置基坑出土口车道的位置。车道的坡度、回填料密实度应满足大型运土车辆的重力要求。因车道坡度、回填料密实度达不到大型运土车的重力作用要求，可能会造成工程桩基变形、断桩等事故，进而造成工期拖延、工程造价增加。例如某 10 幢 20 层商品楼项目，建筑面积约 14 万 m²。桩基础为预应力管桩，地下室一层，挖深 4.5m 左右。上部约 15m 淤泥质土，含水率大，流塑性大。建设方一味追求工期，请了一家土方开挖公司，没有遵循上述科学规律，一味蛮干，最终造成补工程桩 200 多根，增加工程造价 200 多万元，工期延误约半年。又例如 1990 年代初期，某位于天山路与中山路交汇附近的多层建筑，基础承台开挖深度约 1m，开挖时将土方堆放在建筑物周边，引起预应力管桩变形，既耽误了工期，又增加了工程造价。

③ 合理布置车辆进入基坑的出入口，并应有确保车辆出入口工程桩的质量安全措施。

（3）应委托有监测资质的深基坑开挖监测单位进行开挖全过程监测控制。

（4）应有降水抽水措施。

（5）根据住建部关于建筑施工临时用电规范的要求，深基坑支护与土方开挖必须编制施工临时用电方案。由于建筑领域机电工程师较为欠缺，绝大多数的深基坑开挖没有编制施工用电方案，有编制的也多数不符合建筑施工临时用电规范的要求，尤其是总配电房的布置及电气装置的配置不符合规范要求，造成工程开工后难以整改。

施工用电方案中应有深基坑支护与土方开挖的施工用电平面图。总配电房总配电柜、分配电箱、开关箱、场地电缆、用电线路、保护接（零线）、重复接地线的设置，必须符合临时用电规范要求。

（6）应有基坑变形监测方案（第三方）。

（7）基坑开挖前，必须对基坑周边建筑物既有裂缝和沉降情况进行摸查并记录存档。

（8）基坑周边环境影响的调查记录。

4 结语

为了保证基坑工程的安全施工，必须坚持以管理为中心，成立行之有效的安全质量管理机构；编制切实可行的基坑开挖方案；做好深基坑施工过程的变形监测工作；还应针对基坑的危险源，编制合理的、安全可靠的应急方案，确保整个施工过程能够安全顺利进行。